对本书的评价

英国最好的野外自然研究者之一带来的一个精彩侦探故事。

——大卫·爱登堡（David Attenborough）

戴维斯的热情极富感染力……他的文字已跻身最优秀的自然类题材写作之列。

——《卫报》（Guardian）

佳作……我无法想象会有更好的一本书来阐释为何生物（除人类之外的生物）会如此吸引我们……多年以来，没有比本书更能说明到户外去仔细观察自然的重要……太美妙了。

——蒂姆·迪伊（Tim Dee），《困于河水》（Caught by the River）作者

本书一部分是扣人心弦的侦探故事，一部分则是对地点与季节的追忆，同时也是对我们这个星球及其所有奇妙生灵一次光彩动人的提醒……难以想象会有比这更迷人的主题。

细致……本书的作者既是学者也是顶尖讲故事好手……这样的著作将会是多么的有趣……非同凡响且充满奇趣。

——马克·科克尔（Mark Cocker），《旁观者》（Spectator）作者

在这本关于巢寄生生活的引人入胜的著作当中，大杜鹃被展现为大自然的奇迹。

——《星期日泰晤士报》夏日阅读（*Sunday Times* Summer Reading）

戴维斯从古代传说和现代鸟类学的角度出发，令人钦佩地揭示了巢寄生行为的奥妙。

——《泰晤士报》（*The Times*）

本书乃持续了终身的野外研究的结晶，它结合了科学和富有感染力的热情……本书是一个活生生的例子，它证明了仔细观察加上求知欲可以取得突破性成果。

——斯蒂芬·莫斯（Stephan Moss），《卫报》（*Guardian*）

一位花费了30年时间揭开大杜鹃秘密的男人分享了他对自然界欺诈行为的迷人观察。

令人着迷……戴维斯是一位知识渊博又平易近人的向导……这是一本精美而引人入胜的书，其见解……让你再次惊叹于大自然的非凡创造力。

——《星期日泰晤士报》（*Sunday Times*）

迷人的……流畅的文字……戴维斯教授以堪为典范的清晰及幽默阐明了自然界的复杂性。

本书对专注的狂热观鸟者和宅家的自然爱好者都同样具有吸引力，给了我们春日里的飞羽朋友及其寄主眼中的"恶魔"一个公正的听证会。

引人入胜 …… 本书对演化和科学研究的过程展现了惊人的洞察力 …… 丰富的、深临其境般的描写不乏诗意。

——《独立报》(*Independent*)

戴维斯以多年来研究大杜鹃的深厚学识支撑起了本书平静而优雅的叙述 …… 待读到书的结尾，想到大杜鹃这种非凡鸟类的时候，你很难不感受到与戴维斯一样的愉悦，或者不为该种在英国种群数量的减少而哀伤。

——《自然》(*Nature*)

令人着迷的一本书 …… 揭示了威肯草甸沼泽里芦苇莺与雌性大杜鹃如何纠缠于演化"军备竞赛"之中。

——《每日快报》(*Daily Express*)

从戴维斯教授这里了解大杜鹃，就像是跟一位见多识广的长辈进行一次旧日的乡间漫步。

扣人心弦 …… 戴维斯的书充满了令人着迷的信息。五星推荐。

——《星期日邮报》(*Mail on Sunday*)

大杜鹃看似神奇的诡计被抽丝剥茧地解释为它们与情非得已的寄主之间的较量，戴维斯教授将其比作"军备竞赛" …… 他的发现前所未有地全面回答了其中许多令人费解的问题。

——《每日邮报》(*Daily Mail*)

如果你想了解大杜鹃的一切，那么本书就是你所需要的 …… 我们只能钦佩于戴维斯教授的耐心和考究的野外工作，以此对大自然中最为"臭名昭著"的欺骗者之一进行了如此全面深入的研究。

——《乡村生活》（*Country Life*）

这是对于老式观察研究所具价值的强力论证……戴维斯教授的书不仅是对一种非凡生物引人入胜的描述，也是献给野外生物学家的情歌。

——《华尔街日报》（*Wall Street Journal*）

尼克·戴维斯是一位可以比肩尼古拉斯·廷伯根的野外实验者。他所写的这本书也将会成为可媲美吉尔伯特·怀特《塞耳彭博物志》的经典。

—— 理查德·道金斯（Richard Dawkins）

本书整洁得如同一个精心编制的鸟巢，充满了对英国乡间的真挚热爱，戴维斯对鸟类世界最为"狡猾"的家伙的揭示令人震撼。

——《知书》（*Shelf Awareness*）

透彻且热情满满……尼克·戴维斯展示了一个罕见又充满戏剧性的世界的景象，大杜鹃是其中的核心，它令人着迷、充满创造力，并不断演化着。

——《泰晤士文学副刊》（*Times Literary Supplement*）

对最为非凡的演化"军备竞赛"之一的精彩至极的描述。

——《观察家报》（*Independent*）

博物文库 · 生态与文明系列

CUCKOO:
CHEATING BY NATURE

大杜鹃
大自然里的骗子

［英］尼克·戴维斯 著
(Nick Davies)

朱 磊 译

北京大学出版社
PEKING UNIVERSITY PRESS

著作权合同登记号 图字：01-2017-0515

图书在版编目（CIP）数据

大杜鹃：大自然里的骗子/（英）尼克·戴维斯（Nick Davies）著；
朱磊译. —北京：北京大学出版社，2022.9
（博物文库·生态与文明系列）
ISBN 978-7-301-33196-5

Ⅰ.①大… Ⅱ.①尼… ②朱… Ⅲ.①杜鹃科－普及读物 Ⅳ.①Q959.7-49

中国版本图书馆CIP数据核字（2022）第139274号

书　　　名	大杜鹃：大自然里的骗子
	DADUJUAN: DAZIRAN LI DE PIANZI
著作责任者	［英］尼克·戴维斯 著　朱磊 译
责 任 编 辑	周志刚
标 准 书 号	ISBN 978-7-301-33196-5
出 版 发 行	北京大学出版社
地　　　址	北京市海淀区成府路205 号　100871
网　　　址	http://www.pup.cn　新浪微博：@北京大学出版社
微信公众号	通识书苑（微信号：sartspku）
电 子 信 箱	zyl@pup.pku.edu.cn
电　　　话	邮购部 010-62752015　发行部 010-62750672
	编辑部 010-62753056
印 　刷 　者	北京中科印刷有限公司
经 　销 　者	新华书店
	880 毫米×1230 毫米　A5　10.5 印张　彩插4　225 千字
	2022 年9 月第1 版　2022 年9 月第1 次印刷
定　　　价	72.00 元

献给蒂姆·伯克黑德

(Tim Birkhead)

为我们之间 40 年的友谊

目　录

大杜鹃
大自然里的骗子

◎ 2014 年 6 月 21 日，威肯草甸沼泽（Wicken Fen），正在鸣叫的大杜鹃雄鸟。它刚刚将另一只雄鸟从一个抢手的栖枝上赶走。

前　言

"布谷⋯⋯布谷⋯⋯"

当大杜鹃从非洲的越冬地返回英国时，雄鸟所发出的那种悠扬叫声便意味着春天的来临。数百年来，这声音都象征着寒冷阴暗的冬日接近尾声，人们的精神因温暖阳光的回归和一个充满新生的季节而振奋。最老的一首英文歌谣可追溯到公元 1250 年前后，就与大杜鹃有关：

春天已经来到。

杜鹃鸟高声叫！

种子生，草地绿，

树木发出嫩芽。

杜鹃鸟婉转鸣！

而要追溯欧洲文献里有关大杜鹃的最早记录，则要回到 2700 多年前，即大约公元前 700 年的古希腊。当时的赫西奥德（Hesiod）建议，最好是在 11 月中旬灰鹤前来越冬的时候翻地，否

则就要等到 3 月的第一声大杜鹃鸣叫了，因为这正是春季来临的标志。

大杜鹃英文名（common cuckoo）中的"普通"（common）一词很是贴切，它们的繁殖区域横跨了地球陆地表面的 2/5，不仅包括了除冰岛之外的整个欧洲；向东穿过亚洲，从西伯利亚直到日本；向南则抵达喜马拉雅山一线、中国以及东南亚。繁殖区西部的种群越冬于撒哈拉以南非洲，东部的则越冬于南亚。[①]

每年春季，我们可以想象一波又一波的大杜鹃跨越旧大陆的温带地区向北迁徙。在许多语言当中，大杜鹃的名称都源自它们的叫声。所以，通过这些名字人们就能感受到它们迁徙的脚步。从欧洲范围来看，它们首先于 3 月间出现在地中海地区。

比如，在西班牙和葡萄牙称为"*cuco*"，在意大利则称为"*cuculo*"，在希腊就叫"*koúkos*"……

大杜鹃一路向北，进入了欧洲中部。

在法国称为"*coucou*"，在德国则叫"*kuckkuck*"，荷兰人称其为"*koekkoek*"，在波兰则是"*kukulka*"，而在匈牙利人们称其为"*kakukk*"……

4 月中旬至 5 月，大杜鹃抵达欧洲北部。

在英国称为"*cuckoo*"，在芬兰则叫"*käki*"。

---

① 近来的卫星追踪研究表明，繁殖于蒙古国和中国华北的大杜鹃也到撒哈拉以南非洲越冬。——译者注

在亚洲，大杜鹃也一波波地飞向北方。

在土耳其称为"*guguk*"，在阿塞拜疆则叫"*gugoo*"，克什米尔地区称其为"*kuku*"，在尼泊尔叫作"*pug-pug*"，在不丹则称为"*akku*"。

这片有着森林和开阔环境的广袤区域当中，可能数万年前我们的祖先走出非洲、进入欧亚大陆的时候，就已经开始聆听春日里大杜鹃的鸣叫了。

在英国，大杜鹃的叫声总会被公众热情相迎，直到1940年《泰晤士报》上每年都刊登"杜鹃首鸣"的读者来信。为了争当第一，有时会出现一些过于热切的声明。

如，来自皇家学会院士莱德克（Lydekker）先生的消息：

1913年2月6日。这天下午在花园里做园艺时，我听到了一声微弱的叫声，于是不禁问一旁共同劳作的园丁："那是大杜鹃在叫吗？"话音未落，几乎在同时我们又听到了一声该种的两音节鸣叫，还重复了两到三次……毫无疑问，这就是大杜鹃了。

六天后，莱德克先生再次来信，写道：

1913年2月12日。很遗憾，跟其他许多人一样，我完全为2月6日就可能出现大杜鹃的观点所欺骗。我们听到的叫声来自附近工作的一名砌砖匠。我跟那人聊过了，他声称自己能够完全不借助任何器具，纯用口哨拟声就将相隔甚远的大杜鹃吸引过来。

尽管如此，并非所有的大杜鹃早先记录都是错误的。在某一年的另一封信中，同样通报了2月里的一个记录，招致了一位知名鸟类学家的质疑。两天之后，这位专业人士收到了一个邮递包裹，当中就装着一只大杜鹃的尸体。

在简·泰勒（Jane Taylor，1783—1824）为儿童所写的优美诗篇当中，也赞颂了大杜鹃活动所致的这种规律性的季节旋律。一个世纪之后，这首诗被作曲家本杰明·布里顿（Benjamin Britten）改编成了歌曲，至今仍被全英国的孩子们传唱。

大杜鹃，大杜鹃……

你在干什么？

四月里，我一展歌喉。

五月里，我歌唱日夜不休。

六月里，我变了曲调。

七月里，我飞向远方。

八月里，我得离开了。

然而，在所有欢乐赞颂的背后，大杜鹃这春日的信使却有着不光彩的一面。对于许多种的鸟儿来说，大杜鹃在春天的侵入既不美好，也更非欢庆的理由。诗人特德·休斯（Ted Hughes）就在大杜鹃雄鸟的鸣叫中感受到了一种预警：

那第一声的粗俗大叫，像是一个被盗走的吻
令日子战栗不安。

不过，正是雌鸟不那么为人熟知和令人难忘的鸣声才表明大杜鹃们的伎俩已经施行。每产一枚卵，雌鸟就会发出一串似乎耀武扬威般的咯咯叫。大杜鹃似乎是自然界最为声名狼藉的骗子，它从不抚养自己的亲生骨肉。相反，却将卵产在其他鸟类的巢中，每次在每个寄主的巢里只产下一枚卵。而大杜鹃雏鸟孵出之后，会将寄主的卵和雏鸟推出巢去。每年夏季，数以百万计小型鸟类的卵和雏鸟会被大杜鹃雏鸟扔出自己的巢。一旦大杜鹃雏鸟独占了寄主巢，这对义亲整个夏季都会忙于抚育幼小的大杜鹃，全然顾不上繁育自己的后代了。

对我这样的博物学家和科学家来说，大杜鹃的叫声不仅是春日的预告，而且是一份邀请——邀请我去解决一个旷日持久的难题：大杜鹃行为如此反常，它是如何逃脱惩罚的呢？

我生在英格兰西北海岸边利物浦以北约 15 千米的福姆比村，从小到大就是个观鸟爱好者。关于儿时的最早记忆之一就是将鸟食放到自家花园里，然后躲在用木椅临时搭建的掩体里面近距离观察一只苍头燕雀雄鸟。那时我大概 6 岁，还从没有见过如此美

妙的事物。从此，便一发不可收拾地痴迷于鸟儿了。每年秋季，从冰岛繁殖地迁来的粉脚雁就在村子背后的农田里越冬。黄昏时分，前往夜宿地的雁群会飞过我家上空，当它们在起着浓雾的夜里迷失方向时，空中此起彼伏的叫声令已经上床的我惊叹不已。

不知道我早年对博物学的热情从何而来，父母的确鼓励过我，但他们和我的两个弟弟和一个妹妹都没有为之着迷。9岁的时候，我已经为自己见过的鸟类做了清晰的记录。当年，我的第一本日记上写下了全年见过的137种鸟儿，其中5月1日记有："大杜鹃叫了，这是今年夏天的第一次！"此处的感叹号正是自己激动心情的写照。可能少年时代大杜鹃和开阔田野上的天空就已经在我心里留下了烙印。

十几岁时，我开始了解到，博物学并不仅仅是简单地列出我所见过的东西。有两本书对自己的影响尤深：大卫·拉克（David Lack）的《欧亚鸲的四季》（*The Life of the Robin*）[1]和尼科·廷伯根（Niko Tinbergen）的《银鸥的世界》（*The Herring Gull's World*）。拉克于20世纪30年代在德文郡南部的达丁顿开展研究，包括捕捉欧亚鸲，给它们的两腿戴上彩环以便能识别个体，并对每只鸟儿进行终身跟踪。这时，我开始透过鸟儿的眼睛来看世界，去理解它们在保卫领域、寻找食物和配偶、选择筑巢的位置、抚育幼鸟和躲避天敌等方面遇到的麻烦。我也由此接触到了一种科学方

---

[1]《欧亚鸲的四季》中译本，由新星出版社于2021年9月出版。——译者注

法，即追问动物为何具有特定的行为方式。

尼科·廷伯根的实验方法则让我惊叹不已。比如，他证明了鸟类会对所处环境中的简单刺激做出反应。成年鸥类会孵放在巢里的任何卵，无论其颜色和大小跟真正的鸥卵差别有多大。而乞食的雏鸥甚至会啄碰由纸板制作而成的成年鸥喙模型，希望以此获取真正的成年鸥类所反刍的食物。我开始梦想一种身在野外，观察和琢磨鸟类及自然世界的生活。

再后来，当我成为剑桥大学的一名生物学专业的学生时，经常骑车去威肯草甸沼泽。这片古老的沼泽地位于剑桥城东北15千米的地方。在这里，我生平第一次从一个芦苇莺的巢中见到大杜鹃卵，稍后又见证了芦苇莺义亲不辞辛劳地喂养杜鹃雏鸟的过程。也许正是这段经历最终决定了自己的命运，因为当二十来岁重回剑桥，开始教书和研究动物行为及生态时，我的思绪再次转到了大杜鹃身上，开始琢磨它们究竟是如何欺骗寄主的。

我认为，寄主肯定会将巢中发现的任何大杜鹃卵都扔出去。如果寄主确实这样做，大杜鹃后来可能就要演化出难以被发现的卵，也就是跟寄主自己的卵难以分辨的那种。接下来，寄主又会怎么应对呢？它们会命中注定一直接受大杜鹃的卵，还是演化出其他的防御机制？我开始明白，这会是一个研究大自然里的诡术的绝佳机会，并且有可能发现一个天然的"军备竞赛"，即寄主的防御和杜鹃的花招可能针锋相对地一同演化。

在过去的 30 年里，我与同事一起研究大杜鹃和寄主之间的演化大战。本书旨在带领读者进行一段旅程，去发现寄主的防御和杜鹃的欺骗是如何演化而成的。我希望读者阅读本书的体验更像是看一个自然界的侦探故事，我们试图揭露在寄主的防御面前，大杜鹃的伎俩如何蒙混过关，成功产下自己的卵，并诱惑寄主喂养杜鹃雏鸟。就像侦探必须明察秋毫以破案，为了弄清寄主如何上当受骗，博物学家也要小心观察，大杜鹃成鸟的行为，杜鹃卵的颜色和纹路，以及杜鹃雏鸟的乞食叫声都是我们研究的对象。

有时，通过单纯的观察，我们就能追寻大杜鹃的踪迹。但它们是行踪隐秘的鸟儿，所以我们还需要借助法医学的手段，比如 DNA 图谱和卫星追踪等。在了解大杜鹃利用精巧的、往往又冷酷无情的方法欺骗和操控寄主之后，我们将会有一些令人震惊的发现。这些诡术还不仅仅局限于成年大杜鹃，有些最让人惊讶的伎俩恰恰来自大杜鹃雏鸟，以此让其义亲更多地饲喂它们。

然而，我不只是想要发现大杜鹃是怎样行事的，还要解释为什么它们会这样行事。这就牵涉到追问为什么这些伎俩会成功地欺骗寄主。在这一部分的研究过程中，我们需要忠实于观察，认真琢磨，进而形成假说。接着，我们将追随廷伯根的脚步，利用野外的实验来验证自己的观点和直觉。例如，借助涂抹成不同颜色的模型蛋，我们将研究寄主为什么会受骗上当，把大杜鹃的卵当做自己的。采用剥制标本进行的实验将帮助我们发现杜鹃雌鸟在造访寄主巢产卵时为什么必须如此迅速。在巢边播放雏鸟的鸣叫将揭示为什么杜鹃雏鸟的乞食叫声能如此成功地操控其义亲。这些实验的结果往往出人意料，有时会证明我们喜好的假说是错误的，从而将我们领上通往发现的新路径。

在过去 30 年间，威肯草甸沼泽都是我的户外实验室。在一个地方如此之久地研究大杜鹃看起来可能有些强迫症。但每个春天，第一声大杜鹃的鸣叫都会让我一如既往地激动。人的大脑永远没法容纳自然世界所有的美妙影音，每个夏季都充满了新鲜的惊喜。我热爱这片沼泽周遭的所有氛围，包括那微风拂过芦苇荡时的持久轻吟，以及随着季节变换而依次绽放的花儿：从 4 月里，当第一只大杜鹃到来时盛开的浅粉色酢浆草；到 5 月和 6 月间，它们开始产卵时黄色的鸢尾和红色的泽兰；再到 7 月里，成年大杜鹃开始动身返回非洲时的紫色沼泽蓟和乳白色绣线菊。我试着将作为一名充满好奇心的野外博物学家的激动传递出来，好让这片沼泽的美好氛围清晰可感。在这里，每一年都有新的发现，相应地也就提出了新的问题，科学也由此焕然一新。这样的旅程永无止境。

不过，我们的侦探工作并不限于威肯草甸沼泽，我们还在英国各地研究大杜鹃及其寄主，而且足迹跨越了欧洲直至日本。我们将发现，演化从未间断。在有的地方，大杜鹃遇到了才开始演化出防御机制的新寄主物种。我们还将找到孤立的寄主种群，由

于不再遭受大杜鹃的巢寄生，它们也开始缓慢失去相应的防御机制。这些都是演化正在进行的令人激动的案例，是达尔文所言"纷繁河岸"（entangled bank）的一角，在那里，动物和植物持续地演化以应对其天敌和竞争者的变化。我们还会去往非洲和澳大利亚，探寻其他杜鹃种类与其寄主之间更为久远的斗争故事，这也使前者的骗术和后者的防御变得更为错综复杂。大自然永远是惊喜和奇迹的源泉。

　　这个故事也讲述了人类对自然世界不断变化的看法。有很多人参与了这个故事：从过去几个世纪对造物主为什么要创造出一种对自己后代毫无感情[1]的生物迷惑不解的人们，到今天为演化的产物痴迷不已的观察者。我们将向早期的博物学家致敬，他们的发现奠定了今日大杜鹃研究的基础。这些前辈包括：亚里士多德（Aristotle），他早在2300多年前就知道大杜鹃把自己的卵产在别的鸟类巢中；16世纪的威廉·特纳（William Turner），他写了第一本关于英国鸟类的书；17世纪的约翰·雷（John Ray）和18世纪的吉尔伯特·怀特（Gilbert White），他俩都为大杜鹃巢寄生的习性所困扰；与怀特同时代的爱德华·詹纳（Edward Jenner）[2]，他首次详细描述了一只大杜鹃雏鸟将寄主的卵和雏鸟从巢里面推出，

---

[1] 指寄生性杜鹃完全不抚育照料后代的行为。——译者注
[2] 爱德华·詹纳（1749—1823），英国医生，以发明牛痘接种术来预防天花而闻名，被后世尊为"免疫学之父"。——译者注

这一现象太令人震惊了，以至于很多人都不相信；查尔斯·达尔文（Charles Darwin）、阿尔弗雷德·拉塞尔·华莱士（Alfred Russel Wallace）和亨利·沃尔特·贝茨（Henry Walter Bates），19世纪三位演化论思想家和卓越的野外博物学家；19世纪晚期的阿尔弗雷德·牛顿（Alfred Newton），他记载了大杜鹃分为不同的族群，每一族群都寄生于特定的寄主种类；埃德加·钱斯（Edgar Chance），20世纪早期的一位极富热情的鸟卵收藏者，他是发现大杜鹃雌鸟如何产卵的第一人；以及查尔斯·斯文纳顿（Charles Swynnerton），20世纪早期的另一位博物学家，他是研究非洲杜鹃及其卵的先驱。

　　这些人都是英雄，但我感到和其中的两位有着一种特殊的联系。1530年，威廉·特纳被选为剑桥大学彭布罗克学院的院士（Fellow）；我曾是该学院的一名学生，而自1979年起，也成为学院院士。1544年，特纳出版了一本关于鸟类的书，书中的结语部分预示着我们的自然观已从毫无保留地接受民间传说转变为新鲜的科学调查：

　　我的这本小书里更多的是推测，而非确凿无疑的表述……在我看来，对一个困难的、尚未得到充分探索的主题，经由猜想来质疑，并谦逊地进行调查，要比对未定之事草率地发表意见谨慎许多。

　　和近五百年前的特纳相比，我对大杜鹃关注的侧重点已经大为不同了，但我希望，他就自然现象发问，以及承认我们并非知

道所有答案的精神也能延续在本书中。

阿尔弗雷德·牛顿则是另一位前辈，他曾是剑桥大学的比较解剖学教授。1907年去世前夕，他将自己的老式大木桌捐赠给了动物学系，我则在该系度过了自己求学和任教的大半辈子。非常荣幸，这张桌子如今就在我的办公室里面，就像一百多年前牛顿在这上面写关于大杜鹃的著作一样，我也在这张桌上完成了本书的写作。

今天，《泰晤士报》上已经没有了"杜鹃首鸣"栏目。如果该栏目还存在的话，也许会有读者来信言及春天的寂静，好奇大杜鹃们都去哪里了，因为在过去的大约50年里，它们的数量正以令人担忧的速度下降。希望临近我们旅程结尾的时候，读者们能认同我的观点：大杜鹃的消失，会让人感到双重的难过，因为我们不仅失去了预示着春日来临的使者，同时还失去了地球上一些最令人惊奇的自然景象。

第 1 章

巢中的大杜鹃

◎ 2014 年 5 月 25 日，瑞奇河，满嘴衔着蚊蝇的芦苇莺正在饲喂一只 11 天大的大杜鹃雏鸟。

自然世界当中还有更不同凡响的事物吗？

一个静怡夏日的 7 月清晨，云淡风轻。我沿着威肯草甸沼泽一条长满芦苇的沟渠搜寻，这里是剑桥北郊的一片古老泽地，也是英国历史最悠久的自然保护区。这是广袤而平坦之处，巨大的天空如穹顶般笼罩，一直延伸到地平线，也倒映于水面，所以有时我会觉得自己仿佛漂浮在天空中一般。一个老风力泵的白帆在阳光下闪闪发亮。一只白头鹞的身影浮现在芦苇荡之上，它挺举着两翼，紧贴着芦苇飘飞，利爪下抓着一只黑水鸡幼鸟。步道上有着新鲜的鼹鼠土丘，上面是黑色的泥炭土，混杂着沼泽植物的陈旧残骸。泥炭下方都是水，当我走过时能感觉到地面在脚下微颤。

就在前方沟渠的中央，一根芦苇颤动了起来。就是从那里，传来了一阵响亮、持久的高音颤声"tsi...tsi...tsi...tsi..."。我握着一根长的榛木棍，缓慢向前靠近，并轻轻地用木棍将芦苇分开。叫声停止了。在这沉寂之中，我听到了自己移动芦苇时苇叶上的露珠掉落水面的声音。隐身在黑暗之中，位于芦苇中段的，就是一个芦苇莺的巢了。这是一个精致的杯状巢，以干枯芦苇的茎叶编织而成，固定于三根芦苇茎之间，距离水面约一米高。一只巨大的大杜鹃雏鸟蹲坐在巢上，它的两翼从巢的两边耷拉着。这只雏鸟已经两周大了，羽翼丰满、纹丝不动地蹲坐着，紧闭着上下喙，但却以圆溜溜的褐色眼睛专心地盯着我。

我向前倾斜，想有个更好的角度观察。就在自己移动的时候，那只雏鸟突然抬起头来，竖立起头上的羽毛，还大张开嘴，露出口中鲜艳夺目的橙色嘴斑。之后，它向我做出了一个猛扑的动作。出于本能，我抽回了握棍的手，似乎要躲避一次攻击。心跳也开始加速，不过很快我就发现自己面带笑意，钦佩于这只小家伙所表现出来的勇敢。我们又对视了一会儿，然后我抽出了木棍，被分开的芦苇又合拢在了一起，但没有完全严丝合缝。现在，芦苇间有了一道小缝隙，我能在五米之外的岸上透过缝隙观察大杜鹃雏鸟了。我安静地坐了下来，并调整好了双筒望远镜的焦距。

几分钟之后，芦苇再次颤动起来，一只芦苇莺从如海般的芦苇秆当中冒了出来，它叼着一只亮蓝色的豆娘，就停在巢正上方的一根芦苇上面。这只芦苇莺向巢中凝视，下方那只巨大的大杜鹃雏鸟使它显得很娇小。雏鸟的体重接近于芦苇莺的五倍。与此同时，雏鸟开始了一阵狂躁的鸣叫，并且颤动着自己张开的大嘴。没有一丝犹豫，芦苇莺将头扎进雏鸟巨大的嘴里，把豆娘喂给它。此时此刻，芦苇莺的头几乎完全被吞没了。有那么短暂的瞬间，芦苇莺的小眼睛都陷入雏鸟嘴基部以下了，跟雏鸟的大眼睛处在一个

水平线上。看起来，芦苇莺正在冒着自己被吞噬掉的风险。不过，赶在雏鸟大嘴合拢之前，芦苇莺及时脱身，只留下豆娘的腹部还露在外面。芦苇间又是一阵颤动，芦苇莺又出发去给毫无血缘关系的雏鸟寻找下一顿美餐了。

我为自己刚刚目睹的一切感到惊奇。芦苇莺非常好地适应了芦苇丛中的食虫生活。它们借助星空导航，从撒哈拉以南非洲的越冬地迁来欧洲的繁殖地。它们对当地的地标也一定有着出众的记忆力，因为我用彩环标记了芦苇莺成鸟，以此能够识别不同的个体，发现它们每个夏季都会回到同一个领域。芦苇莺雌鸟凭借雄鸟的领域质量（territory quality）及其鸣唱曲目，仔细地挑选自己的配偶。之后，雌鸟会筑起精巧的巢，用芦苇和蜘蛛丝编织固定在苇茎上。巢的大小刚好能容纳一窝四只的芦苇莺雏鸟，为其遮风保温。巢的深度又足以保证雏鸟的安全，不会因风吹苇荡而倾覆。芦苇莺父母会有选择性地将食物饲喂给雏鸟，如蚋蠓般太小而不值当的，或是像大型蜻蜓太大不便取食的，都会被排除在外。所以说，芦苇莺极为谨慎地选择以哪里为家，与谁结为伴侣，及以什么为食。可是，在面对一只跟自己长相差异极大、体型远大于自己雏鸟的幼年大杜鹃时，为什么芦苇莺们竟会显得如此愚蠢呢？

我也为大杜鹃雏鸟感到惊奇。如此巨大的雏鸟是如何刺激小巧的芦苇莺带来充足的食物的呢？眼下正值7月中旬，所有的大杜鹃成鸟都已在两周前迁离了。当大杜鹃的雏鸟还在英国被芦苇莺喂养时，有的成鸟可能已经抵达非洲的越冬地了。大杜鹃为什么会抛弃自己的雏鸟，而将其托付给其他的鸟类呢？

当然，我绝非第一个感受到这种震撼的人。自古以来，大杜鹃和寄主之间这种不可思议的互动都令人类观察者着迷。人们很早就知道大杜鹃会将卵产在其他鸟类的巢中。2300 多年前，亚里士多德（公元前 384— 前 322 ）就已经记载了"它们在吞下了其他小型鸟类巢里的卵之后，就将自己的卵产于其中"。他意识到这之后大杜鹃就完全依赖寄主来抚育自己的雏鸟，于是写道："它们不坐巢，不孵化，也不抚育自己的幼鸟。"他也知道新孵出的大杜鹃雏鸟会排挤掉寄主的卵和雏鸟，以便独占其巢，因而写道："当大杜鹃雏鸟诞生后，会将巢中生活的其他雏鸟推出去。"

神圣罗马帝国皇帝弗雷德里克二世（Frederic II）热衷于驯鹰，对鸟类行为也很感兴趣。他在 1248 年也描述过大杜鹃的巢寄生习性：

这种叫作大杜鹃的鸟类不会筑巢，也不将卵产在空地上，更不会抚育自己的后代，而是专一性地将自己的卵产在其他种类，比如乌鸫、草地鹨（一种在草地筑巢的雀形目鸟类）或其他鸟类的巢里面，借由这些鸟儿来孵化和抚育自己的幼鸟。我曾经获得

过一个草地鹨的巢，里面有一只鸟种特征不明显的有着大嘴的雏鸟。在仆人的帮助之下，我们养大了这只雏鸟，然后才搞清楚这是只幼年的大杜鹃。因此，我们清楚地知道了大杜鹃不会筑巢，而是将卵产在其他鸟类的巢中。

古老文献中也经常有关于大杜鹃奇怪行为的记载。《埃克塞特之书》（*The Exeter Book*）是从古英语翻译过来的鸟类谜语集，成书于公元950年至1000年期间，其中就清晰地记载了一枚大杜鹃的卵，以及之后义亲对大杜鹃雏鸟的抚育：

那时父亲和母亲将我如死尸般遗弃，仿佛我没有灵魂，了无生机。直到一位非常忠诚的雌性用衣物遮盖了我，收留我，保护我，用长袍将我像她自己的孩子那样包裹。直到我，在这些衣物之下，命中注定地作为一个毫无血缘关系的陌生人长大。这位仁慈的雌性抚养我直至成年，直到我可以独立远行。

大杜鹃雏鸟在寄主巢中积极的乞食行为也一定早已为人所熟知。在大约1382年乔叟的诗《百鸟会议》（*The Parlement of Foules*）当中，大杜鹃雏鸟就被斥责为贪婪的象征（原诗第612行）：

你这个无情的贪食者

大杜鹃成鸟亲代抚育行为的缺失通常作为完全没有爱意生活的一种象征。在 14 世纪另一首由约翰·克兰沃爵士（Sir John Clanvowe）创作的诗《杜鹃与夜莺①》(*The Cuckoo and the Nightingale*) 中，塑造了两种鸟之间的对立。夜莺认为，爱是善心、荣誉和仁慈、快乐等的主要源泉。

大杜鹃则回应说，夜莺那有着华丽句式的复杂鸣声显得晦涩，反倒是自己简明的"布谷"叫声容易被大家理解。它的意思就是，"爱乃恨之因"，爱只会带来骄傲、酸楚、嫉妒、猜疑、戒备和最终的疯狂。

上述两种鸟儿在 19 世纪早期的一首德国民间诗歌里面继续着它们的争论，也成为古斯塔夫·马勒（Gustav Mahler）1892 年创作的歌曲集《少年魔法号角》(*Des Knaben Wunderhorn*) 中的一首曲子。在这里，两种鸟争辩着谁是更好的歌手。大杜鹃狡猾的天性在它建议找驴子来当裁判时暴露无遗。它宣称："驴子有着一对大耳朵，来分辨谁唱得最好再合适不过。"于是夜莺先唱，可它的歌声对可怜的驴裁判来说太难理解了。轮到大杜鹃时，驴裁判立刻以一声招牌式的嘶鸣表达了对简明的"布谷"叫声的赞赏，宣告了大杜鹃胜出。

---

① 即新疆歌鸲（*Luscinia megarhynchos*），一种繁殖于欧洲、中亚和中国新疆，在非洲西部、中部和东部越冬的鹟科鸟类，繁殖期常在夜间发出婉转悦耳的鸣唱，故而得名"夜莺"。——译者注

　　大杜鹃还常跟背叛相联系，"巢中的大杜鹃"作为对某个男人"巢穴"的侵犯，成了非婚生子的一种象征。在写于16世纪90年代的《爱的徒劳》（*Love's Labour's Lost*）当中，莎士比亚就杜鹃（cuckoo）和私通（cuckold）创作了一出戏剧，一个妻子的不忠将可能导致其丈夫把别人的孩子抚养长大：

> 当杂色的雏菊开遍牧场，
>
> 蓝的紫罗兰，白的美人衫，
>
> 还有那杜鹃花吐蕾娇黄，
>
> 描出了一片广大的欣欢；
>
> 听杜鹃在每一株树上叫，
>
> 把那娶了妻的男人讥笑：布谷！[①]

　　因此，大杜鹃的叫声成了害怕被戴绿帽的一种象征。大约在1629年前后，尚在剑桥大学读书的弥尔顿创作了《致夜莺的十四行诗》（*Sonnet to the Nightingale*）。诗中就提到了一个迷信的说法：春季在夜莺开始鸣唱前就听到大杜鹃的叫声，对情侣是不好的预兆。

> 哦，夜莺，你在那盛开的花朵上
>
> 莺歌燕舞，当所有的树林都沉静时

---

① 本诗为梁实秋先生所译。——译者注

你用新的希望将爱人的心填满

当欢快的时光主导着风调雨顺的五月

夜幕来临，响起了你那流动的音符

在大杜鹃浅张两喙之前听到你的声音

倾向于爱情的成功；哦，如果朱庇特之意

已将那情欲的力量与你柔软的身体连在一起

现在，及时地歌唱，在粗鲁的仇恨之鸟前面

预示着我在某个小树林里无望的厄运。

你年复一年地歌唱得太晚

是为了我的解脱，却毫无来由

无论是缪斯还是爱神，都将你称为她们的伴侣

我侍奉她们，是她们的信徒

　　早期的观察者是如何解释大杜鹃怪异行为的呢？我们对于人类的育子之情，以及其他动物的双亲不辞辛劳地抚育和保卫后代的情景都再熟悉不过了，所以大杜鹃抛弃自己后代的习性显得既冷酷又不自然。17 世纪的博物学家约翰·雷认为，动物的身体特征与其生活模式之间的完美契合正是上帝全知全能的体现。对于他而言，大杜鹃的习性完全不可理喻：

大杜鹃自己并不筑巢，却去寻找其他小鸟的巢。它要么吞掉，要么破坏掉所找到的巢中卵，在腾出来的空间内产一枚自己的卵，然后弃之不管。可怜的小鸟返回自己的巢后，坐在大杜鹃的卵上，呕心沥血地将其孵化出来并喂养它，视若己出，直到大杜鹃雏鸟长大离巢自食其力。这太怪异、可怕和荒谬了，我不明白自然界怎么竟会有这样的事情发生。如若不是亲眼所见，我根本就不相信寄主出于本能竟会做出这样的事情。自然界的其他事物都习惯于不断遵循一种相同的法则和秩序，符合最高的理性和审慎。对鸟类而言，就应当自己筑巢，如果需要的话就自己孵卵，并在雏鸟孵化后将它们抚养长大。

或许这也就不奇怪早期的记述当中常暗示大杜鹃的身体有不同寻常之处。有个观点认为，寄生繁殖行为是仁慈的造物主对大杜鹃缺乏父母天性的一种补偿。在写作于 1614 年的《天国飞鸟》（*The Fowles of Heaven*）一书中，爱德华·托普塞尔（Edward Topsell）就表达了他对造物主的赞美：

伟大的造物主赋予了这种笨鸟天然的自决权，使其能够繁衍后代……造物主理解它的冷淡，或者说冷漠的天性，使其完全不能孵化自己的卵。大自然在某一方面有所缺陷，往往会在另一方面加以弥补……上帝的旨意妙不可言，对其所创之物的怜悯也不可名状。

其他人则认为，大杜鹃的缺陷源自其解剖结构，而非行为本身。1752 年，法国解剖学家弗兰西斯·埃里赛特（François Hérissant）指出，大杜鹃的胃异乎寻常地大，并且向下伸延到腹部。他认为，大杜鹃雌鸟如果坐在自己的卵上就会挤碎它们。若干年后，到了 1789 年，英国著名的博物学家吉尔伯特·怀特在他的《塞耳彭博物志》（*The Natural History of Selborne*）里描述了自己如何解剖一只大杜鹃。他赞同埃里赛特的上述观点，写道："大杜鹃的嗉囊就在肠道的正上方，特别是充满食物之后，会在孵化过程中处于一个非常不舒服的状态。"然而，当怀特解剖过像欧夜鹰和普通楼燕这样会照顾自己雏鸟的种类之后，发现它们的肠道结构也跟大杜鹃的相似。于是他推断道：

埃里赛特先生根据大杜鹃肠道解剖结构得出了它不能进行孵化的推论，似乎站不住脚。我们仍然不知道该种怪异而奇特的繁殖习性背后的原因所在。

吉尔伯特·怀特认为，大杜鹃的行为是非自然的，"是对母爱这种自然界里的第一大天性的极大侮辱"。

几乎就在吉尔伯特·怀特解剖大杜鹃的同时期，爱德华·詹纳通过试验检验了埃里赛特的理论。他将两枚孵化过的白鹡鸰卵放在一个林岩鹨巢中，其内有一只被林岩鹨喂养大的两周龄大杜鹃雏鸟。又过了一周，两枚白鹡鸰卵成功孵化。詹纳由此认为，如

果一只大杜鹃雏鸟都能将卵孵化，那么杜鹃成鸟也同样能做到这点。他转而就大杜鹃的巢寄生习性提出了另外一个解释，即大杜鹃早在7月初就离开繁殖地使得它们没有时间抚育后代，因此被迫成为巢寄生者。

詹纳的观点在今天看起来有些古怪，因为我们已经熟知很多鸟类具有多样的迁徙行为。以芦苇莺为例，如果它们在夏末没能成功繁育后代，就会比那些其时仍在忙于照料雏鸟的同类早几个星期开始迁徙。詹纳的观点无疑有些本末倒置。大杜鹃成鸟选择提前离开繁殖地正是因为它们没有照料后代的任务。在我的研究地威肯草甸沼泽，大杜鹃于7月初离开的时间正好跟芦苇莺开始终止筑巢繁殖的时间相吻合，而这也就意味着那个夏天巢寄生机会的终结。

如果早期的作者们认为大杜鹃被迫成为巢寄生者是由于糟糕的身体结构，那又该如何解释寄主对杜鹃雏鸟的接受呢？通常的理由认为，这是一种仁慈的表现。例如，贝希施泰因（Bechstein）曾于1791年写道，寄主只会把养大一只大杜鹃雏鸟当作异常荣幸之举，这胜过抚育它自己的一窝雏鸟。此外，贝希施泰因还把寄主的告警声错以为是欢呼雀跃了：

寄主意识到大杜鹃雌鸟接近它们巢时会表现出明显的喜悦之情，观察这一点是件很美妙的事。寄主不像被其他动物打扰时那

样直接逃逸，而是似乎很开心地继续留在巢的附近。比如娇小的
鹪鹩在孵自己的卵时，一旦大杜鹃靠近就会立刻离巢，似乎是在
给杜鹃雌鸟产卵腾出地方。与此同时，鹪鹩会在杜鹃雌鸟周围蹦
蹦跳跳，表现得非常欢乐，以至于它外出的配偶也加入了进来。
看起来，鹪鹩夫妇似乎都在为身形巨大的大杜鹃选择了自己的巢
而深感荣幸。

　　1859 年，糟糕的身体结构和仁慈的寄主这样古朴的观点都被
查尔斯·达尔文给永远地消解了。在《物种起源》（The Origin of
Species）的第 8 章，达尔文讨论了大杜鹃的巢寄生习性，并将其
视作行为如何通过自然选择演化而来的一个典型例证。他知道，
美洲的有些杜鹃种类并不会巢寄生，而是具有正常的育幼行为。
像其他大多数鸟类一样，它们自己筑巢、孵化和抚育后代。时间回
到 1794 年，这些发现曾是查尔斯·威尔逊·皮尔（Charles Willson
Peale）引以为傲的缘由之一。皮尔创建了费城博物馆，该馆的
门票上印着一句口号："飞禽走兽将会指引你。"他称，生活在旧
大陆的杜鹃类"因其在其他鸟类巢中产卵的恶行，而成了不忠的
臭名昭著象征"。反观之下，美洲的杜鹃类则因它们令人称道的
家庭观念，而被皮尔"很自豪地相信它们对彼此的忠诚和持之以

恒"。然而，达尔文从自己的笔友那里也获知，美洲的这些杜鹃也不是那么的贤惠，偶尔也会在其他鸟类的巢里产卵。他随后给出了以下的演化路径：

现在让我们设想一下欧洲大杜鹃的远古先祖具有美洲杜鹃类那样的习性，也会偶尔将卵产到其他鸟类的巢里。如果成鸟能够从这样的偶然行为当中获益，比如更早地迁徙或是其他什么缘由，又或者幼鸟由于其养父母错误的本能，歪打正着地比被亲生母亲抚养长大还更具活力。由于大杜鹃每隔两三天才会产一枚卵，因此如果它自己孵化育幼的话，同一时期巢内就会有处于不同年龄的卵或雏鸟，由此将给亲鸟照料后代造成很大麻烦。所以，通过将育幼的重任转嫁出去，大杜鹃的成鸟或被义亲养大的幼鸟都取得了优势。这样的类比会让我们相信，如此养大的幼鸟会倾向于将其亲生母亲偶尔的反常行为继承下来。轮到它们繁殖的时候，就更会将卵产在其他鸟类的巢里，从而有更高的繁殖成功率。通过此类过程的不断持续，我相信欧洲大杜鹃的怪异本能便应运而生了。

达尔文这段话的原创性至今仍让我赞叹不已，而今天的生物学家甚至依然在忙于研究他所提出的三个主要观点。

达尔文的第一个观点是：巢寄生行为绝不是一种缺陷，相反还具有优势，能够比亲生父母自己照料带来更高的繁殖成功率。

解除了父母责任在时间和能量上的负担，巢寄生的大杜鹃确实可以较早地迁徙。但更为重要的是，它可以利用节省下来的资源在一个繁殖季当中产更多的卵。事实上，我们现在已经知道寄生性杜鹃确实能产很多卵。非巢寄生性的杜鹃一个繁殖季内可能有机会最多养大2窝，每窝3只雏鸟。而大杜鹃一次在每个寄主巢内产一枚卵，每个繁殖季平均产8枚卵。很多大杜鹃雌鸟会产15枚甚至更多的卵，最高纪录可达25枚。北美洲的另一种寄生性鸟类的情况与之类似：褐头牛鹂每个繁殖季能产至少40枚卵。而它所属的拟鹂科的非巢寄生种类通常一个繁殖季产2窝，每窝4枚卵。此外，正如达尔文所指出的那样，大杜鹃的雏鸟在养父母巢中被独自抚养，全无争抢食物的困扰。比起在亲生父母的巢内要面对兄弟姐妹的竞争，它这样独占资源可能会生长得更好。因此，巢寄生行为不仅远非缺陷，而且优势明显。所以，真该重新审视吉尔伯特·怀特和爱德华·詹纳的担忧：既然有这么多忠厚养父母的劳力可以榨取，那为何没有更多的种类演化出巢寄生行为呢？

　　根据最新的估计，全世界有约一万种现生鸟类。由于区分亚种或独立种有所不同，具体的精确数字会存在变化。这恰恰是演化改变中所具有的那种不确定性，因为物种间的分化是一个渐进的过程，而非一个立竿见影的事件。在所有现生鸟类里面，计有102种属于专性的巢寄生者，即它们总是将卵产在其他种类的巢里，依赖于寄主孵化和抚养后代。这些巢寄生鸟类包括杜鹃科的

59 种寄生性杜鹃、拟鹂科的 5 种寄生性牛鹂、响蜜䴕科的全部成员（17 种）[①]、梅花雀科的 20 种寄生性雀类，以及南美洲的黑头鸭。显而易见，寄生者的成功取决于寄主物种的货源充足。但是，如果真如达尔文所说的那样，巢寄生有如此大的优势，为什么仅有 1% 的现生鸟类演化出这种生活方式呢？

达尔文的第二个观点是：巢寄生行为由亲代抚育行为逐渐演化而来。对此他并没有直接的证据，只是认为通过阶段性的演化，偶尔的寄生行为能够合理地变为专性巢寄生。不管怎样，我们现在知道，这种猜测确实没错。2005 年，迈克尔·索伦森（Michael Sorenson）和罗伯特·佩恩（Robert Payne）基于脱氧核糖核酸的相似性，为全世界杜鹃科的 141 个现生种构建了系统发育关系树。仅有 42% 的杜鹃种类具有巢寄生习性，剩下 58% 的种类都自己养育后代。从系统发育关系上可以清楚地看到，巢寄生习性是由具有亲代抚育行为的杜鹃从其父母的世系那里三次独立演化而来。一次发生在南美洲，对应纵纹鹃属（*Tapera*，1 种）和雉鹃属（*Dromococcyx*，2 种）的成员；一次发生在欧亚和非洲大陆，对应凤头鹃属（*Clamator*，4 种）；还有一次则包含了剩下的寄生性杜鹃，对应 11 个属的 52 种，其中就有我们熟悉的大杜鹃（杜鹃属 [*Cuculus*]）。

---

① 实际上，亚洲地区的两种响蜜䴕——黄腰响蜜䴕（*Indicator xanthonotus*）和马来响蜜䴕（*I. archipelagicus*）是否具巢寄生习性，因缺乏研究而尚无定论。——译者注

　　达尔文的第三个观点则在过去三十年间让我痴迷不已。寄主将杜鹃抚养长大当然不会是出于仁慈。那是出于什么原因呢？任何将时光花在养育大杜鹃身上的芦苇莺，都没有机会将自己乐善好施的天性传递给下一代。另一方面，一只拒绝抚养大杜鹃而将精力集中于照料自己幼鸟的芦苇莺则有机会把自利的本能传播下去。因此，这种只抚养自己骨肉或血亲的行为才应是自然界最为常见的习性。事实的确如此。达尔文对于寄主接受杜鹃雏鸟的解释只是它们被骗了，或者追随了自己"错误的本能"。他写道："多数的本能都奇妙且令人钦佩，但并不能被认为是绝对完美。整个自然界中，逃避天敌和获取食物的本能之间在持续不断地进行着斗争。"达尔文将自然界比作一个"纷繁的河岸"，每个物种都在不断演化出新的防御能力或者技能，以对抗同样不断变化着的竞争对手和天敌。

　　理论上，我们就应期望见到在寄生性杜鹃和寄主之间上演的、被理查德·道金斯（Richard Dawkins）[①]和约翰·克雷布斯（John Krebs）[②]称为"演化军备竞赛"（evolutionary arms race）的大戏。作

――――――――――

① 理查德·道金斯（1941—　），英国著名演化生物学家、科普作家，他于1976 年出版名作《自私的基因》（*The Selfish Gene*），旨在从基因的角度来阐释生物演化。——译者注

② 约翰·克雷布斯（1945—　），英国著名行为生态学家，牛津大学动物学教授，他与尼克·戴维斯教授等人合著的《行为生态学导论》（*An Introduction to Behavioural Ecology*）是该学科领域十分重要的教科书。——译者注

为对杜鹃寄生的回应，寄主应当演化出诸如保护巢不让杜鹃产卵，以及排除杜鹃卵和雏鸟这样的防御机制。反过来，这将导致寄生性杜鹃演化出更好的骗术，以此来破除寄主的防御手段。寄生性杜鹃更好的骗术又会使寄主产生更好的防御。长此以往，永无止境。换句话说，寄主和寄生性杜鹃需要协同演化，任何一方的改变都会对另一方的变化产生选择压力。

那么，寄生性杜鹃和寄主真的是在这样的"军备竞赛"之中共同演化的吗？

一周之后，在回访威肯草甸沼泽里的芦苇莺巢时，我再次用木棍拨开了芦苇。起初，我并没有见到大杜鹃。芦苇长得更茂密了，我的眼睛需要时间去适应从叶子和茎秆上射过来的耀眼阳光。但是突然之间，我就瞅见了近乎完美地蹲坐在芦苇深处的大杜鹃雏鸟。它现在已经有三周大了，长得比以前更壮硕，两翼和尾也更长，看起来已为出飞做好了准备。它曾待过的苇莺巢则处在糟糕的状况之中。这巢已被压平了，其中一头也不再跟芦苇相连。幼鸟如今只能停栖在残存的破败巢沿上面。我注意到了它的脚趾，两个向前，两个朝后，正是杜鹃家族所有成员的典型样子。这一次我不敢再靠近，担心万一将它惊飞，便抽身退出来，坐到岸边，透过芦苇间的缝隙继续窥视。在幽暗的芦苇深处，我只能勉强看清它的头和身体前部。周遭万籁无声，我开始被巡游飞过水沟上空的蜻蜓吸引，这是雄性的小斑蜻正在保卫自己的交配场所。对于沼泽里的有些居民而言，夏天才刚刚开始。

随着一阵急促的 tsi 叫声响起，我再次看向大杜鹃雏鸟。一只芦苇莺径直停在了它的背上！它扭过头去，芦苇莺就将一只黄黑相间的食蚜蝇塞进雏鸟巨大的口裂当中。这下芦苇莺的头完全消失在了嘴里。有一刹那，我开始想象雏鸟会将自己养父 / 母整个地吞下去。不过这次饲喂只持续了几秒钟就告结束，芦苇莺迅疾地飞入芦苇荡，雏鸟则再次陷入一动不动的静默。

此时此刻，达尔文关于寄主是被杜鹃蒙蔽的观点在我看来更加难以置信。这只大杜鹃雏鸟的体重相当于芦苇莺的整整八倍。要停到如此巨大而怪异的雏鸟身上再去喂它，亲鸟一定会意识到哪里不对劲了吧？芦苇莺真的对大杜鹃有任何防御手段吗？如果真有的话，大杜鹃雏鸟怎么会如此轻易地就骗过了它们？想回答这些问题，我们需要回到夏季之初去看大杜鹃如何产卵才行。

第 2 章

大杜鹃如何产卵

◎ 2014 年 6 月 23 日，大杜鹃雌鸟正滑翔至一个草地
鹨的巢去产卵。

　　时间回到差不多一百年前的另一个夏日。英格兰伍斯特郡怀尔森林的一小片石南灌丛地边，缓缓驶来了一辆老式汽车。一位衣着考究的绅士从驾驶座上走下车。他戴着平顶花呢帽，穿着花呢夹克和马甲，搭配着白衬衣和领带，还穿着宽松肥大的灯笼裤，套着厚厚的及膝羊毛袜。另有两人也从车里出来，虽不及那位绅士讲究，但也穿着干净的白衬衣（没打领带），搭配着夹克。这两人下车后，走到车身后方。旁观者或许会以为他们会抬出一个装着野餐的大篮子。但实际上他俩从尾箱取出的东西却有些出人意料，是一个一人高的小棚子，用小树枝和石南枝条缠绕在柳条编的支架上制成。

　　三人开始缓慢地步行穿过石南灌丛，绅士走在最前方，专心致志地搜寻着地面，两位助手抬着小棚子紧随其后。突然，绅士停住脚步，用手杖指向了前方。他身后的两人随即将小棚子放到了地上。原来小棚子是由两部分组成的，助手们已将上部打开。绅士紧接着跨入棚子里，并顺手接过一把高脚凳。待他坐定，助手便将棚子的上部盖好。不一会儿，绅士从小棚子的缺口处伸出

1920 年，埃德加·钱斯正在西蒙兹父子的协助下进入位于庞德·格林公地的掩体。照片由奥利弗·派克（Oliver G. Pike）拍摄，引自钱斯的著作《关于大杜鹃的真相》（*The Truth About the Cuckoo*）。

来一只手，向助手们友好地挥了挥。棚外的两人再稍作调整，确保棚子已固定好之后便走开了，任凭绅士藏在里面。

　　这里是庞德·格林公地（Pound Green Common），我们刚刚看到的是纪录片《大杜鹃的秘密》（*The Cuckoo's Secret*）的开场部分。这部时长为 12 分钟的黑白默片摄制于 1921 年。片中衣着考究的绅士名叫埃德加·钱斯（Edgar Chance），而这部片子正是为了庆祝他发现大杜鹃雌鸟如何在寄主巢中产卵而专门制作的。此片也是史上最早的野生生物纪录片之一，并成了《生命的秘密》（*Secrets of Life*）系列片中的第一部。在英国各地和美国纽约的影院内，该

片广受好评。《大杜鹃的秘密》之所以引人瞩目，不仅在于它首次记录到了大杜鹃雌鸟在寄主巢中产卵的影像，还因为摄像师爱德华·霍金斯（Edward Hawkins）此前只拍过新闻短片，完全没有野生动物的拍摄经验。埃德加·钱斯曾在1940年出版的《关于大杜鹃的真相》一书回忆起他首次跟霍金斯在火车站见面的场景：

霍金斯带着些许的不安告诉我说，他此前从未见过大杜鹃。我宽慰他道，重要的是他能够忠实地记录下将会看到的一切，并且向他保证这将是其他人前所未见的场景。

当观看这段纪录片的时候，我们能感同身受地体会到霍金斯的兴奋之情。他带着摄像机坐在庞德·格林公地中枝条编织的掩体里面，几米之外的地上便是被几簇草覆盖着的一个草地鹨巢。首先，我们见识到了一只大杜鹃雌鸟产卵的过程。最让人惊讶的是它的速度，从降到草地鹨的巢中，产下卵，再到飞走，其全过程仅耗时8秒。从这只雌鸟出现在公地的边缘开始，钱斯就一直注视着它。而它一旦飞向掩体边上的巢，钱斯就吹响哨子提醒掩体内的霍金斯，以确保摄像机开始记录接下来发生的情形。

根据片中的字幕，12天之后这枚大杜鹃卵顺利孵化。刚出壳的杜鹃雏鸟浑身裸露，两眼紧闭，跟另两只也才孵出不久的草地鹨雏鸟和一枚尚未孵化的卵共处一巢。接下来，我们会看到草地鹨妈妈回巢暖雏。镜头中它突然被推到了一边，露出身下的大杜鹃雏

36

鸟。这只雏鸟把背朝向巢外，挣扎着努力想使两只翅膀之间的草地
鹨卵保持平衡。它背中部有个浅凹，配合向后撑开的两翅将那枚卵
托住。大杜鹃雏鸟摇摇晃晃地顶托着卵爬上巢的边缘，伴随着最后
奋力地扇动翅膀，就将卵挤出了巢外。这位母亲在一旁看着，显然
无动于衷，而大杜鹃雏鸟就在它的注视之下又钻回了巢内。

　　又过了一会儿，雌鸟飞出巢觅食去了。趁它不在的时候，大
杜鹃雏鸟将注意力集中到了其中的一只草地鹨雏鸟身上。它将草
地鹨雏鸟托举在背上，在强健双脚的推动下，沿着巢的一侧，再
次缓慢地向巢边试探。它屡次试着想将草地鹨雏鸟推出去，但一
只不断蠕动的雏鸟可比一枚卵更难控制。直到一分钟之后雌鸟回
巢，大杜鹃雏鸟仍在孜孜不倦地尝试。雌鸟无视巢边的骚动，转
而将一条毛虫喂给了自己的另一只雏鸟。大杜鹃雏鸟此时显然精
疲力尽了，跟它背上的草地鹨一起滑落回巢内。雌鸟再次坐回到
三只雏鸟上面，开始用体温温暖它们。

　　雌鸟再一次离巢。它走之后，恢复了体力的大杜鹃雏鸟很快
将两只草地鹨雏鸟一前一后地推出了巢。两只雏鸟就在巢外的地
上无望地蠕动了一阵儿。雌鸟回巢后，还给其中一只雏鸟喂了一
条毛虫。但在这之后，雌鸟便坐在巢内的大杜鹃雏鸟上面，视而
不见几厘米之外巢边仍在扭动的亲生骨肉。就在这对草地鹨亲鸟
忙着照料独霸巢内的大杜鹃雏鸟的同时，两只草地鹨雏鸟逐渐失
温，自生自灭了。这只大杜鹃从一只羽翼渐丰的雏鸟，逐渐长成

为离巢时体型巨大的幼鸟，我们见证了草地鹨不辞辛劳地将它喂养大的过程。

对于旁观者来说，这一系列的场景会让人感到惊愕不已。片中的字幕或许恰能表达当时观众们的反应，字里行间将大杜鹃称作"带羽毛的家庭破坏者"，"逃避了作为鸟儿母亲的职责"。该片的出彩之处还在于捕捉到了大杜鹃雌鸟产卵所需的侦探工作。钱斯不仅要预测大杜鹃会在哪个草地鹨巢里产卵，还需要知道确切的时间，只有这样才能拍下那充满戏剧性的关键 8 秒钟。他是如何做到的呢？

埃德加·钱斯是一名商人，掌管着伯明翰一家生产玻璃的公司。但收集和研究鸟卵的鸟卵学才是他的兴致所在。在钱斯于庞德·格林公地开展工作之前，早期的鸟卵收藏者就已经发现大杜鹃卵有着令人惊叹的多样性。欧洲地区该种卵多带有斑点，但底色多变，呈现各种色调的灰白、绿色或棕色。卵上的图案也多种多样，小斑点、大圆斑，乃至潦草的线纹。有的则是纯白色或洁净的浅蓝色。欧洲其他鸟类的卵都不及大杜鹃的卵这么丰富多彩。

鸟卵收藏者一旦找到一枚大杜鹃卵，就会连窝端，好一并展示大杜鹃及其寄主的卵。至少从 18 世纪下半叶开始，人们就已经知道，尽管大杜鹃的卵会稍大一些，但颜色和图案跟寄主的卵很相近。以英国发现的为例，产在芦苇莺巢里的大杜鹃卵就是绿色带有斑点，跟芦苇莺自己的卵很像。而产在草地鹨巢里的卵色则更深，是棕色带有斑点，与草地鹨的卵一致。产在白鹡鸰巢里的卵色就很浅，是灰白色带有细小的点斑，跟白鹡鸰的卵一样。在欧洲的其他地区，大杜鹃卵与寄主卵的这种相似性甚至更加突出。红尾鸲巢里的就是纯浅蓝色，与红尾鸲的卵相当匹配；大苇莺巢里的则是浅绿的底色上有着各种大小和色调的圆斑，这些圆斑从浅蓝灰色到深棕色都有，近乎完美地复刻了大苇莺卵上面的斑纹。

　　大杜鹃雌鸟能够根据它所选择的寄主来改变自己卵的颜色吗？这似乎不太可能。尽管一只雌鸟所产的卵可能由于其食物的变化而产生轻微的变异，但大杜鹃卵色的变化实在太大了，不会有哪只大杜鹃雌鸟能够驾驭得来。1892 年，德国鸟卵学家爱德华·巴尔达穆斯（Eduard Baldamus）和欧根尼·雷伊（Eugene Rey）分别在限定的区域内，收集了一系列产在相邻寄主巢中的大杜鹃卵。他们的藏品显示，每一只大杜鹃雌鸟总是会产下相同类型的卵。此外，他们发现不同的雌鸟偏好不同的寄主，例如，有的喜欢将卵产在芦苇莺巢里，有的则喜欢将卵寄生于草地鹨巢里。偶尔他们还会发现某只雌鸟将卵产在了匹配度不那么好的"错误"寄主巢中，这可能是因为没找到合适的寄主所致。即便如此，这些雌鸟依然每次都产下同样类型的卵。

　　鸟卵收藏者所进行的这些开创性研究表明，大杜鹃卵和寄主卵之间的这种拟态关系一定是由于产不同类型卵的大杜鹃雌鸟以某种方式选择了与其相配的寄主。另一种可能是，大杜鹃雌鸟随机地在不同寄主巢中产卵，而只有那些拟态良好的卵才幸存了下来，并被鸟卵收藏者记录。人们已经知道，鸟类有时会排斥放在它们巢中的其他鸟的卵。但是，大杜鹃随机产卵再被寄主排斥看起来难以解释两者卵之间的拟态现象。因为，很多大杜鹃卵是在雌鸟产下后很快就被人从寄主巢中拿走，而从大杜鹃的角度来看不加选择地随机产卵也实在过于浪费。无论如何，巴尔达穆斯和雷伊的发现都揭示了不同的大杜鹃雌鸟并不是随机产卵，而是对特定的寄主种类存在偏好。

　　人们观察到的上述现象表明，大杜鹃必定分为不同的族群，每一族群都专性寄生特定的寄主，因此会产下特征鲜明的卵去模拟不同寄主的卵。棕色带斑点的卵是寄生草地鹨的，绿色带斑点的是寄生芦苇莺的，纯蓝色的则寄生红尾鸲，以此类推。1893年，阿尔弗雷德·牛顿将大杜鹃的这种族群称为"氏族"（*gentes*，即 *gen* 的复数形式），这个词源自拉丁文，指由一个共同祖先的后代组成的大家族。我们现在知道，这些不同大杜鹃族群之间存在着遗传差异，因此它们很像是大杜鹃的不同亚种。

　　埃德加·钱斯自然赞赏由欧根尼·雷伊等前人所做的研究，但只是在得知雷伊曾于一个繁殖季内在莱比锡附近创纪录地收集到由一只大杜鹃雌鸟产下的 20 枚卵之后，才真正点燃了他痴迷于收藏大杜鹃卵的热情。（而事实上钱斯被误导了，雷伊所收集的那个系列其实只有 17 枚卵，而非 20 枚。当然了，这 17 枚卵仍然归因于巢寄生生活方式的成功。）钱斯决心打破雷伊的纪录。然而想要收集一只雌鸟整个繁殖季内产下的所有卵，他必须仔细地追踪观察它，不仅要找到它的每个寄主巢，还得知道确切的产卵时间。钱斯知道鸟卵收藏者诱使雌鸟产更多卵的小技巧，所以有把握胜过雷伊。

　　钱斯的工作还有着别的动机，他想一劳永逸地解决一个存有争议的问题。曾有观察者声称，大杜鹃雌鸟先将卵产在地面上，再用喙衔着放入寄主巢内。这种观点被称为"闯入者式产卵"。还有种观点被称为"反吐者式产卵"，即雌鸟先把卵暂存在自己的食道里，等到了寄主巢之后再将卵反吐出来。这两种观点似乎都有很好的证据支持，确实经常能见到雌鸟喙里衔着卵飞过，在被猎获的有些雌鸟的食道内也确实发现了卵。此外，像鹪鹩这样的寄主，它们的巢呈球形且只有一个很小的出口。大杜鹃雌鸟似乎不能直接将卵产在这样的巢内。例如欧根尼·雷伊就支持"闯入者式产卵"观点，他以曾在一个红背伯劳巢内发现了一枚被泥土弄脏了的大杜鹃卵为例，来证明这枚卵首先产在地上。钱斯确信这两种观点都错了，他认为大杜鹃雌鸟是直接将卵产在寄主巢内。这正是他要确切找到雌鸟何时何地产卵的第二个出发点，只

有这样才能抓个现行。

庞德·格林公地是一块 600 米长、400 米宽，起伏不平的孤立草地和石南灌丛地，三面被林地围绕。这是在 18 世纪为了放牧绵羊而人为砍掉原有树木而形成的一片公地，恰好也为草地鹨以及林鹨、云雀、黄鹀之类的其他地面营巢鸟类创造了栖息环境。这块地里散布着一些高大的树木，给侦察寄主巢的大杜鹃雌鸟提供了完美的瞭望点。1918 至 1922 年间的 5 个夏季，钱斯就在这里开展了详尽的研究工作。在欧文（O. R. Owen）、斯密斯（P. B. Smyth）、本地矿工西蒙兹和他儿子（the two simmondses）这四位助手的协力之下，钱斯开始规律性地定期查找寄主的巢。通过收集大杜鹃卵及其寄主卵的高超侦探工作，他们慢慢地拼凑起了大杜鹃雌鸟如何在寄主巢中产卵这一非凡故事。

1918 年的第一个夏天，英国仍处于"一战"之中，他们只能偶尔探访庞德·格林公地。5 月末当钱斯第一次去的时候，繁殖季已经开始一个月了。他很快就发现，在茂密的植被中很不容易找到巢。鹨把巢筑在地面，隐身于草丛或灌木丛难于发现的浅凹里。就算老西蒙兹带来的牧羊犬将近在咫尺的巢中鸟惊飞出来，往往也找不到那个巢。这期间他们经常能听到大杜鹃雄鸟标志性的"布谷"叫声，以及雌鸟发出的一连串叫声，用"一阵泪泪的讪笑"来形容最为恰当。有些时候他们会见到一只雌鸟从停栖的树上滑行到地面，但通常没办法确定它降落的具体位置。尽管经历了这些初期的挫折，研究小组在第一个繁殖季里还是找到了两只大杜鹃雌鸟的卵。它们均是寄生草地鹨的类型，产棕色的卵，但这两只雌鸟的卵能够通过卵底色和花纹上的细微差异区分开来。其中在公地的一端，"雌鸟 A"将 10 枚卵产在了当地常见的草地鹨巢内，1 枚则产在了云雀巢里面。"雌鸟 B"则在公地另一端的相邻领域里把 4 枚卵全产在了草地鹨巢内。

钱斯悉数采集了这两只雌鸟及其寄主的卵，为便于保存，在卵的一端钻开一个小洞以清空里面的内容物。而通过检查卵内胚胎的发育程度，他能够确定卵被孵化的时间。在每一窝被寄生的巢当中，大杜鹃和寄主的卵的发育状况都相差无几。由此他推断，杜鹃雌鸟一定控制了在每个寄主巢内产卵的时间，以便跟寄主自己产卵的时间相吻合。草地鹨通常每窝产 4 到 5 枚卵，每天会产 1 枚。所以，每个草地鹨的巢对于杜鹃雌鸟来说，仅在 4 到 5 天时间的短暂窗口期内有机可乘。在同一繁殖季内要寄生 10 个或更多的巢，为了准确把握时机，杜鹃雌鸟必须仔细监视所有的潜在寄主。钱斯决定，在接下来的繁殖季内既要找寄主巢，又得紧盯着大杜鹃雌鸟。

第二个繁殖季在翘首期盼中到来了。草地鹨无疑是此处大杜鹃最受欢迎的寄主，可 1919 年的春天仅有 10 对出现在公地内，

所以钱斯下决心要帮大杜鹃一把。就在 5 月初大杜鹃迁来之前，钱斯采集了所有正在孵化中的草地鹨卵，这些巢已经不适合再被寄生。草地鹨亲鸟们马上开始筑新的巢，并在 7 到 8 天之内开始产新的一窝卵，先期抵达的大杜鹃就会有合适的寄主巢供选择了。结果正合钱斯之意，"雌鸟 A"和"雌鸟 B"回来了。通过在寄主巢内产下的带有鲜明特点的卵，钱斯能认出它们来，并且它们就在跟前一年相同的相邻领域里活动。在第二个繁殖季当中，钱斯收集到了"雌鸟 A"的 18 枚卵。尽管在其领域内还有很多云雀、林鹨和赤胸朱顶雀，它却只寄生草地鹨，充分显示了对于寄主选择的特殊偏好。这一年只找到了 2 枚"雌鸟 B"的卵，也都在草地鹨巢内。

通过每天都检查找到的巢，钱斯能够确定大杜鹃雌鸟产卵和杜鹃雏鸟孵出的时间，由此他计算出，草地鹨卵需要 13 天时间孵化，而相比之下大杜鹃卵只需 12 天。所以，只要杜鹃雌鸟把握好合适的产卵时机，相对较短的孵化时间将会使得它的雏鸟有机会将寄主的卵在孵化之前推出巢去。如前所述，这可比排挤掉会挣扎蠕动的寄主雏鸟要容易一些。

钱斯现在可以估算出少数几枚在已开始孵化后才找到的大杜鹃卵到底是雌鸟什么时产下来的。在第二个繁殖季内找到了"雌鸟 A"的 18 枚卵，通过推算可以发现它每隔一天产一枚卵，并且产卵时间可分为两段。最开始的 5 枚产于 5 月 18 日至 26 日之间；

然后有一个三天的空档期，剩下的 13 枚则产于 5 月 30 日至 6 月 23 日之间。

实际上，钱斯此时已经打破了欧根尼·雷伊的一个繁殖季单只大杜鹃雌鸟 17 枚卵的纪录。可是由于所掌握的错误信息，他认为自己仍比雷伊的纪录少了 3 枚。因此到了 1920 年的第三个繁殖季，他决定进一步通过持续不断地收集被寄生或尚未被寄生的草地鹨的卵，以确保大杜鹃雌鸟在想要进行巢寄生时就能有一个合适的寄主巢虚位以待。如果发现，一个草地鹨巢在大杜鹃雌鸟该产卵寄生的时候仍是空的，这时候，他就会从别的鹨巢或云雀巢内取来一两枚卵给补上，造成看起来这个巢的主人已经开始产卵的样子。"雌鸟 A"这一年果真又回来了，钱斯的努力没有白费。这个繁殖季内，它在人们的帮助下共产下了 21 枚卵，其中 20 枚在草地鹨巢内，1 枚在林鹨巢内。钱斯的"世界纪录"愿望达成。

第三个繁殖季的工作也获取了更多有关大杜鹃行为的信息。在钱斯检查每个寄主巢的时候，他经常将"雌鸟 A"从邻近的树上惊飞了，由此注意到它也在忙着监视寄主们。所以，找到寄主巢最便捷的方法其实就是盯着"雌鸟 A"！钱斯写道："现在将'雌鸟 A'视作我们观察小组的一员，很多简单重复的找巢工作可以由它来完成了。"

到 1920 年的 5 月末，"雌鸟 A"已经产下了 10 枚卵。钱斯知道它会每隔一天产一枚卵，因此他以两天为间隔仔细地轮番收集

寄主的卵，就能确定"雌鸟 A"会选择哪个寄主巢。即使这样操作，钱斯还是没能亲眼看见它产卵的过程。最初，他认为杜鹃雌鸟跟草地鹨雌鸟一样会在清晨产卵。因此，他整夜都守在野外以确保拂晓时就能检查寄主巢。但令人惊讶的是，他一大早查巢时就发现杜鹃雌鸟已经产下了卵。第二次他就更早去查巢。在一个起雾的清冷早晨，钱斯凌晨三点半就起了床，结果还是在巢内找到了杜鹃新产的一枚卵，跟一旁草地鹨的卵一样，由于没有亲鸟的照料而又冷又湿。补充一下，草地鹨要达到或接近满窝卵数（4至5枚）之后才会开始孵卵。钱斯顿时意识到了自己的错误：杜鹃雌鸟应该是在头一天下午产的卵。

在发现了杜鹃雌鸟产卵时机之谜的这最后一点玄妙之后，研究小组就将注意力集中到了雌鸟下午的活动上面。最终，他们见证了雌鸟多数发生在下午三点至六点间的产卵行为。产卵之前，雌鸟会一动不动地蹲在树枝上，最远的时候离寄主巢可达 100 米。对钱斯和他的助手们来说，等待雌鸟出动的这段时间可能会长得无聊，它有时只蹲半个小时，有时则会待上两个半小时。一旦它准备停当，便会滑行到地面的寄主巢，通常只在那儿停留 10 秒左右就离开。钱斯他们再前去检查寄主巢，就会发现少了一枚寄主的卵，而多了一枚杜鹃的卵。短短几秒内，杜鹃雌鸟就以令人难以置信的速度移走了寄主卵并产下自己的卵。然而，还没有人真正亲眼见证这一过程。

　　1921年，"雌鸟 A"又回来了，这也是它在此地的第 4 个繁殖季。钱斯终于成功了。他现在已经知道杜鹃雌鸟每隔一天会产卵，并能够预测雌鸟可能会去哪个寄主的巢（草地鹨正在产卵的巢），还能通过系统收集寄主的卵来控制雌鸟对巢的选择，且清楚雌鸟会在下午晚些时候产卵。因此，将掩体放在预设好的草地鹨巢边，他就能从几米之外的地方观察杜鹃雌鸟产卵了。

　　接下来就是他所见到的场景。杜鹃雌鸟一旦落在巢上，就会叼走一枚寄主的卵。这之后，它一边喙里衔着草地鹨卵，一边在巢中产下自己的卵。完成后，它便带着寄主的卵飞走。待降落到附近的栖枝上，它就将这枚卵整个吞下去。这些观察一次性就解决了两个谜题。杜鹃雌鸟跟其他的鸟类一样，都直接将卵产在巢内。早期观察者们见到的大杜鹃衔在喙里的卵其实是寄主的，而不是它自己的。持"闯入者式产卵"和"反吐者式产卵"观点的人都错了。我们现在已经知道，大杜鹃就是直接将卵产在所有种类的寄主巢内。而对于那些球形巢来说，杜鹃雌鸟就直接紧贴在巢上，把腹部对准巢口，将卵挤入巢内。

　　正是在这第 4 个繁殖季当中，爱德华·霍金斯被请来首次拍摄杜鹃雌鸟产卵的过程。他成功拍摄到了雌鸟产第 2、3、4、12、13 和 14 枚卵时的场景，以及在产第 7 枚卵时向寄主巢滑行时的

样子。值得一提的是，钱斯能够预设杜鹃雌鸟会选择哪个寄主巢。如此一来，霍金斯可以将掩体放在正确的位置，这样他就能拍到非常多的素材。结果，一部剪辑好的纪录片就能够展现出杜鹃产卵各个阶段的精彩细节。

1921年6月中旬开始，钱斯不再收集寄主的卵。没有了他的帮助，"雌鸟A"那个夏天产卵也减少了，总共只有15枚，其中14枚产在草地鹨巢内，1枚在林鹨巢内。这清楚地表明，公地内杜鹃雌鸟产卵更多是受限于寄主巢的数量，而非形成卵所需的食物。

用钱斯自己的话来说，1922年"雌鸟A"在公地的第五个也是最后一个繁殖季"有着出色的历史性表现"。随着人类再一次提供帮助，它有了尽可能多的寄主巢可供选择，这一年，研究小组还在已被寄生过的巢边上提供了额外的人工巢，"雌鸟A"那个夏天总共产下了25枚卵（全被钱斯收入了囊中）。这些卵都产在了草地鹨巢内，只涉及了11对草地鹨，因此有些繁殖对的卵被钱斯反复收集了数次。有些大杜鹃雌鸟的产卵过程被掩体里钱斯雇来的第二名摄影师奥利弗·派克（Oliver Pike）拍了下来。派克使用了当时被称为"超高速"胶片来拍摄这些镜头。此外，钱斯还邀请了客人来观摩大杜鹃雌鸟产卵。他写道："尽管已经有过丰富的观鸟经验，躲在掩体里观看大杜鹃产卵的派克太太依然激动万分。"然而，并非每位访客都抱有这样的热情或耐心，在那关键的

10 秒发生时，有人却在温暖的掩体中打起了瞌睡。

　　钱斯将自己的发现写成了两本书，《大杜鹃的秘密》于 1922 年出版，之后其扩充版于 1940 年以"关于大杜鹃的真相"为名面世。后一本记载了直至 1930 年，对公地内另外 5 只大杜鹃的研究。跟"雌鸟 A"一样，这 5 只雌鸟也专性寄生草地鹨。钱斯从他所研究的所有杜鹃雌鸟那里获得了翔实的记录，总计有 86 枚卵，其中 71 枚产在草地鹨巢内，8 枚在林鹨巢内，4 枚在黄鹀巢内，另各有 1 枚分别产在云雀、欧柳莺和赤胸朱顶雀巢内。他的书中附有奥利弗·派克拍摄的黑白照片，我们由此而能见识"雌鸟 A"的动作：降落到寄主巢上、屈身衔出一枚寄主卵、坐到巢中产卵、起身、衔着寄主卵飞走。有些从电影胶片上截取的静态图片显得小而不甚清晰，钱斯也建议读者使用放大镜来察看。不管怎么说，这都是对大杜鹃雌鸟产卵无与伦比的首次影像记录。

　　《关于大杜鹃的真相》的第 7 章以令人惊叹和有趣的细节，详尽记载了"雌鸟 A"于 1922 年夏天打破纪录过程中产每一枚卵的经历。它从 5 月 11 日产第 1 枚卵开始，至 6 月 29 日产下了第 25 枚卵。除了在产完第 2 枚卵之后额外多隔了一天之外，其余 24 枚卵都是隔天产下的，具体产卵日期分别为：5 月 11 日、13 日、16 日、18 日、20 日、22 日、24 日、26 日、28 日、30 日，6 月 1 日、3 日、5 日、7 日、9 日、11 日、13 日、15 日、17 日、19 日、

1922 年"雌鸟 A"在庞德·格林公地寄生一窝草地鹨。她首先叼起一枚寄主的卵。将卵衔在自己的喙间后，就直接在寄主巢内产卵。

"雌鸟 A"衔着寄主卵飞走。这些是首次拍摄到的大杜鹃产卵照片。照片由奥利弗·派克拍摄，引自钱斯的著作《关于大杜鹃的真相》。

21 日、23 日、25 日、27 日和 29 日。"雌鸟 A"需要掌握这么多寄主卵的状况，好让自己把握好时机，与寄主产卵的时间同步。钱斯和他的研究小组则要不辞辛劳地配合好"雌鸟 A"。其实很难确定究竟谁更值得我们的赞誉。钱斯关于"雌鸟 A"产第 6 枚卵的记载展示了尝试预设大杜鹃会选择哪个草地鹨巢时所要经历的兴奋和挫折：

　　5 月 22 日，到场的有阿伦·埃利森牧师（Rev. Allan Ellison）、盖伊·查特里斯阁下（Hon. Guy Charteris）、奥利弗·派克、西蒙兹父子和我。在我们预期中被寄生的巢编号为 3a，不过也有可能是其他的巢被寄生……上午 11 点时，"雌鸟 A"在注视巢 6b……我们观察到它在 35 分钟内一动不动，然后飞走了……从下午 2：15～2：45 之间，我们在掩体里经历了一场瓢泼大雨……2：45 重新开始观察……埃利森被派到巢 3a 之外 15 英尺^①的掩体，派克躲到沙坑里去监视巢 4a 和 5 号领域。查特里斯要么跟西蒙兹父子，要么就和我一起守着 6a 号和 6b 号领域，后一个领域内的寄主巢还没找到。没有大杜鹃活动的任何迹象，直到下午 4 点整，埃利森吹响了口哨，在派克的指引下我前去查看……但却发现埃利森只是见到杜鹃飞离了寄主巢。我亲爱的朋友承认，他在闷热的天气之下有些昏昏欲睡。我感到很郁闷，这位

---

① 1 英尺＝0.3048 米，15 英尺约等于 4.6 米。——译者注

尊贵的客人被特意安排在了最好的位置，却生生错过了眼皮子底下的一出好戏。

钱斯为自己从"雌鸟A"单个繁殖季内所取得的记录感到骄傲，不过他也承认，这样的成绩很大程度上取决于不断人为收集草地鹨的卵，从而创造出了更多适合的寄主巢。他还为"雌鸟A"的观察能力感到惊叹。显然，整个夏季它都在关注人们对寄主巢的操控，并且善加利用了人们创造出来的富余寄生繁殖机会。在没有人为干预的自然状态下，它肯定不会如此多产。钱斯相信，"只要大杜鹃自主产卵"，自己的纪录"就不会被超越"。

然而，钱斯低估了大杜鹃的狡黠程度。他已知道，当不适合寄生的时候，大杜鹃会吃掉寄主的整窝卵。后续的研究也证明，这其实是大杜鹃雌鸟为了迫使寄主开始新一轮产卵的常用伎俩。卡斯滕·格特纳（Karsten Gärtner）于1970年至1981年在德国汉堡附近开展了一项针对大杜鹃寄生湿地苇莺的研究。他发现，无论是满窝卵或已有了雏鸟，30%的寄主巢都被杜鹃雌鸟捕食了。在法国进行的另一项针对大杜鹃寄生芦苇莺的研究则发现，在对寄主的巢进行捕食后，大杜鹃会将自己超过1/4的卵产在寄主被迫重新开始的巢内。大杜鹃的雄鸟不会参与掠食寄主的巢，因此这种行为是雌鸟增加自己寄生机会的一种策略，而不是它出于饥饿要大快朵颐一番。

钱斯在无意之中替大杜鹃雌鸟做了它们平常分内的事。雌鸟不仅对自己领域内的寄主巢有着非凡的观察力，同时也是厉害的操盘手，整个繁殖季内它通过巢捕食来调整寄主的产卵节奏，从而使自己的寄生机会最大化。1988 年，迈克·贝利斯（Mike Bayliss）在英格兰中部牛津郡研究的一只大杜鹃在没有人为帮助的情况下追平了"雌鸟 A"的纪录。它在一个有着 36 对芦苇莺的种群内，寄生了其中的 24 对，有一对被寄生了两次，总共产下了 25 枚卵。

"雌鸟 A"出现在庞德·格林公地的 5 个繁殖季内共计产了 90 枚卵，除开少数几枚在钱斯找到之前已经孵出了，其余都被采集了。其中 87 枚产在草地鹨的巢内，2 枚在林鹨巢内，1 枚在云雀巢内。这些卵如今都精致地展示在赫特福德郡伦敦自然博物馆特灵分馆内的木质藏柜当中，一旁附有钱斯对其中每一枚卵的整洁的标签及编号。这正是对他非凡嗜好的最好证明，却也是"雌鸟 A"付出代价的记录。它跨越撒哈拉沙漠前往非洲越冬地、然后返回英国的 5 次长途旅行，以及在 5 个夏天内找到全部寄主巢的努力，都成了徒劳之举，完全没有留下任何子嗣。但是自亚里士多德时代就开始的有关大杜鹃产卵的谜题，成就了经由它的卵壳标本讲述的一段传奇。关于"雌鸟 A"的记忆得以在这些了无生气的珍贵藏品中永存。

埃德加·钱斯于 1955 年去世，享年 74 岁。这时，他已经积攒起了数量达 25000 枚的一笔鸟卵收藏。在他活跃的那个年代，收藏包括大杜鹃在内的常见鸟的鸟卵并不违法。但是钱斯也收藏受保护的珍稀鸟类的卵。1926 年 4 月，他就因为获取红交嘴雀的卵而被罚款 13 英镑 10 先令，还被驱逐出了英国鸟类学会。他将自己第二本关于大杜鹃的书献给了女儿安·奥古斯塔·卡达米妮（Ann Augusta Cardamine）。卡达米妮的名字源自植物草甸碎米荠（*Cardamine pratensis*），该植物在英文中也被称作"杜鹃花"（cuckooflower），因为这种植物的浅粉色的精致小花最早盛开于 4 月底，正好是大杜鹃将要返回英国繁殖的时节。

2008 年 6 月，我前往庞德·格林公地做了一次朝圣之旅。一座小屋，还有钱斯开车带着掩体开过的崎岖小路，这些出现在钱斯 1921 年纪录片中的地标仍依稀可见。但是，随着放牧的减少，没了绵羊的啃食，公地如今长满了凤尾草、欧洲垂枝桦和低矮的橡树。草地鹨已经没了踪影，仅见一只林鹨在桦树顶上放声歌唱着求偶。

我坐在公地的边缘，想象着 90 年前穿着花呢外套、打着领带的钱斯在这里工作的样子。他的细致观察和解决问题的出色能力，以此一点一点地揭开了大杜鹃秘密的研究，绝对算得上野外鸟类学史上最为出色的成就之一。我开始思绪万千，不一会儿就觉得自己听到了从远处的人工针叶林中传来的大杜鹃雄鸟的叫声。不过是微弱且稀少的几声。我站起身来，将两手团在嘴前，发出了一阵响亮的回应："布谷，布谷"。周遭一片沉寂，便又坐了下来。或许我只是为一个朝圣者的白日梦所愚弄。然而一分钟过后，一只大杜鹃突然出现，又低又快地直冲冲掠过我的头顶。我又发出了它的叫声，这只大杜鹃则一边在公地上空盘旋了两次，一边叫着"布谷"，还发出一阵低沉的、带有喉音的"kwow-wow-wow"。入侵者的干扰似乎让它很烦躁。随后，它落在了一棵高大桦树的顶端，高翘起尾羽，两翼低垂，身体左右晃动，还不停发出了响亮的叫声："布谷，布谷"。我不再回应，任由它叫了几分钟。之后，显然是满足于入侵者已被赶走，它又飞回远处的人工林去了。

当地的平民协会（Commoners' Association）计划清除这里的凤尾草和垂枝桦，并且有意恢复低地的石南灌丛，希望在有了草地及石南之后，草地鹨和大杜鹃能重返此地。然而那天在那只大杜鹃飞走后，我独自坐在这片寂静的公地里，缅怀着埃德加·钱斯。

第 3 章

威肯草甸沼泽

◎ 2014 年 5 月 10 日黄昏时分，在威肯草甸沼泽觅食的仓鸮。

埃德加·钱斯优美地展示了大杜鹃雌鸟是如何产卵的。我想要发现的则是它们为什么会以如此独特的方式产卵。大杜鹃演化出了试图攻破寄主防御的伎俩吗？大杜鹃和寄主之间是否陷入了一场持久的演化"军备竞赛"？

学生时代，我的一位导师曾警告说："带着双筒望远镜和笔记本走入乡间就能发现一些有趣事物的时代早已过去了。"他想以此来暗示科学上的进展通常依赖于新的技术。例如，自20世纪80年代以来，全新而又强大的DNA图谱检测技术被研发了出来，使得我们能够对野外种群进行亲权确认的研究。这随之革新了对于动物婚配制的研究，揭示出社会性单配制鸟类并非我们此前想象的那样是对配偶忠诚的典范。

但有时科学进展的达成并不是通过新技术，而是经由新的想法，或者仅是提出了新的问题。达尔文关于大杜鹃利用了寄主"错误的本能"的想法即刻就引发了新的问题。寄主是如何识别自己的卵和雏鸟的呢？大杜鹃卵和雏鸟的什么特质导致其能被寄主接受呢？使用双筒望远镜和笔记本的耐心观察依旧能够为看待自然世界提供崭新的视角，仍然可以通向新的发现，找到有趣的新问题。我确信，杜鹃、寄主之间的互相影响将会是达尔文所说"纷繁的河岸"里面令人着迷的一角，通过简单的野外实验能寻找到其答案。

因此我再次回到了威肯草甸沼泽。此时正值 4 月中旬，我开始为这个夏天的野外工作做准备了。寒冷的北风依然呼啸着，阻挡着候鸟们迁徙的脚步。不过从非洲来的大杜鹃和芦苇莺很快就会抵达，而在它们建立起自己的领域之前，我要先把研究地标识清楚。从 1985 年开始，每个春季回到这里已然成了我的惯例，身处巨大天穹笼罩之下的沼泽之中让人感觉就像在家一样自在。我沿两旁芦苇成行的水道走着，每隔 20 步就将写着数字的小标签系到芦苇上面。繁殖季开始之后，这些标记将帮助我定位所有的芦苇莺巢。此时在位于剑桥我家的庭院中，欧乌鸫、欧亚鸲和林岩鹨都已经在孵卵或育雏了，但春天要更晚一些才会来到这片沼泽。新生的芦苇才开始泛绿，并且仅稍稍高出水面。整个芦苇荡仍是一派冬日景象，满眼都是去年长成的黄褐色芦苇秆，仅点缀着少量绿色新芽。当我迎着清晨的阳光走进芦苇荡时，其顶上蓬松的芦穗还泛着银色的光芒，而等到傍晚我收工离开时那些芦穗又会被我身后的夕阳镀上一层金色。

芦苇是英国原生草本植物里面最为高大的一种，可长到 3 米高。它们以地下根茎的形式生长，在土壤中蔓延伸展，年复一年

地发出垂直的新芽，或许能活上好几百年。尽管地下根茎会长期存活，地面以上的芦苇却在每年秋季死去，而枯黄的芦苇秆则可能屹立数年不倒。这些经年的芦苇会为繁殖季早期的芦苇莺提供隐蔽和筑巢的场所。再过一周左右，芦苇荡的沟渠之间将会充满芦苇莺的鸣唱。我不禁好奇：这些鸟儿宣誓领域时能否获得跟我自己标记完芦苇地一样的成就感？待所有的编号标签都就位了，我不禁觉得，整个繁殖季这些芦苇荡都是我的了，整个威肯草甸沼泽全归我所有。

几千年以前，春季迁来的候鸟们在此处见到的则是另一番景观。它们会从夜空之中降落于一片面积约 4000 平方千米的巨大湿地。这片湿地形成于 4500 年前，是威瑟姆河、韦兰河、宁河以及大乌斯河这四条河流汇入沃什湾而成的洪泛区。一道北起沃什湾以北的林肯郡，南抵剑桥郡和萨福克郡，然后向东北绕至诺福克郡沃什湾南缘的高地组成了这块湿地的边界。

末次冰期的时候，大量的淡水封冻成冰，导致那时的海平面要远低于现在。因此如果我们倒回去约 10000 年，来到威肯草甸沼泽形成之前，整片区域都被林地覆盖，其间游荡着棕熊、野猪、欧洲原牛和马鹿。随着冰川的消融，上升的海平面开始阻碍河流流入大海，溢出河道的洪水最终促成了湿地的发育。森林逐渐消亡，沉入水淹的泥土之中。最靠近沃什湾的湿地北部会定期被来自北海的河口淤泥淹没，而靠近内陆的地区则由于淡水沼泽地内植物残体的累积而形成了泥炭。

这片古老的沼泽过去肯定是一片野趣盎然的美妙之地。大约于公元 740 年，在由僧侣费利克斯（Felix）所著的《圣古斯拉克的生活》（*Life of Saint Guthlac*）当中可以看到关于威肯草甸沼泽最早的描述之一，此书写作于圣古斯拉克去世后的 30 年之内：

在英国中部有一块面积巨大的阴郁沼泽，它起始于格兰塔河的岸边，距离被称为剑桥的营地不远，从南向北一直延伸至海边。这是很长的一块地方，由沼泽和泥潭组成。有时看起来像是被雾气笼罩的黑色水面，有时又像是被曲折溪流环绕的许多树木繁茂的小岛。

古斯拉克退休之后在威肯草甸沼泽内的一个孤立小岛上过起了清苦的生活，位置就在今天林肯郡的克罗兰村。他用古英语所写的诗当中留下了英国境内有关大杜鹃的最早记载：

就这样，那个温柔的心灵将自己隔绝于人类的享乐，一心侍奉上帝。一旦他弃绝了俗世，他便在自然造物中怡然自得。他的住所重获安宁。鸟鸣婉转动听，乡间花团锦簇，大杜鹃的叫声预示着新的一年来临。

中世纪时，生活在沼泽内的人们坚韧耐劳。这些人身着水獭、河狸及欧鼹的毛皮，据传脚趾间还长着蹼。他们借助高跷、冰鞋和方头平底船出没于湿地之中，以渔猎为生。11 世纪，正是在这里，警觉者赫里沃德（Hereward the Wake，1035—1072）及其追随者发起了古英格兰人对诺曼征服的最后抵抗。他们突袭入侵者之后就会藏身到沼泽深处。赫里沃德领导的一些最为激烈的战斗就发生在威肯以北、伊利周围的沼泽里面。

威肯草甸沼泽近期的历史基本上就是不断被破坏的历史。最早排干沼泽的尝试出现在古罗马时代。但是具体的排水实践则始于 1630 年，国王查理一世（Charles I）邀请科尔内留斯·费尔默伊登（Cornelius Vermuyden）将其在工程领域的技能从荷兰带了过来。此项排水工程由一群富有的地主资助，贝德福德（Bedford）伯爵是这群"投机商"的领袖，他们都热衷于从在肥沃的泥炭土壤上开展的农业生产中获利。人们开挖了排水沟，起初沼泽中的水也在重力的作用下被排到了河流和海洋。但是，泥炭暴露到空气中之后，就开始变得干燥且发生分解，体积大为缩小。结果导致地表下降了 4 米之多，更容易遭受灾害性洪水的影响。今天大部分被排干了的沼泽高度都接近于海平面。由此也形成了一种颠倒的陆地景观，即水道比周围的土地还要高。所以，需要借助泵才能将水提升到排水道里去，最初用的是风力泵驱动，后来改成了蒸汽机，最后则是柴油机。到了 18 和 19 世纪，排干积水的土地受堤坝保护终于不再频繁遭到洪水侵袭，成为放牧牛羊的优质草场，也为集约化的农业耕作创造了条件。人们在富饶的黑土地上种起了小麦、马铃薯和其他作物。

随着土地积水被排干，泥炭中暴露出了前沼泽时代的古老森林遗迹。当地人将其称作"沼泽橡树林"，包括了紫杉、松树和橡树在内的好些树种。有的树干长 20 米，胸径达 1 米，经测定已埋藏地下超过了 5000 年。至 19 世纪末，超过 99% 的原有沼泽已经荡然无存。野生动物现在仅能退缩到古老沼泽盆地边缘少数残存的湿地里面，周遭被如同大海一样广阔的农田包围。这些农田因出产供人类消费的产品而生。对如今在春季迁来的芦苇莺或大杜鹃而言，威肯草甸沼泽看起来肯定像是沙漠中的一块小小绿洲。

由于便于当地村民出行，威肯莎草沼泽①逃过了被排干的厄运。当地村民强力地捍卫了他们前来此处收割莎草和挖掘泥炭的权利。一张由西奥菲勒斯·伯德（Theophilus Byrd）于 1666 年绘制的老地图显示了当时的人们如何划分这块沼泽。自 17 世纪以来，从村庄通往各家地块的小路，即"莎草沼泽大道"，就一直经由不断割草修剪保持着畅通。每次走在这条路上，尽管路两侧芦苇荡中有我的那些带有编号的小标签，但这条路总在提醒我：我绝非第一个在此划定领地的人。

---

① 威肯草甸沼泽中唯一一块没有被排干，保持了原始风貌的区域，被称为威肯莎草沼泽。——译者注

从 1899 年开始，威肯草甸沼泽就由英国慈善信托总会（National Trust）^①所有和管理。20 世纪的头十年内，该机构一点一点地获取了这个保护区的大部分土地。随着煤炭替代了泥炭作为燃料，烧制瓦片取代了莎草来修建屋顶，人们开始担心这片沼泽也会像周围的土地一样被排干并变为农田。不过很快这里就成了维多利亚时代昆虫学家和植物学家所喜爱的著名标本采集地。乔治·维罗尔（George Verrall，1848—1911）和查尔斯·罗斯柴尔德（Charles Rothschild，1877—1923）都曾担任过皇家昆虫学会的主席。作为保护领域的先驱，他们富有远见地买下了沼泽内的部分土地用于栖息地保护，之后将自己的地块捐赠给了英国慈善信托总会。这片沼泽很早就以其间丰富的野生动物而闻名。1828 年至 1831 年间，当查尔斯·达尔文还是剑桥大学的一名本科生的时候，他曾"雇人从沼泽中运送芦苇的驳船底部收集残留物，以此来获取一些非常稀有的物种"。达尔文的老师，约翰·史蒂文斯·亨斯洛（John Stevens Henslow）也曾带学生到威肯草甸沼泽的边缘采集昆虫和植物。

包括围垦的农田在内，整个保护区的面积为 750 公顷^②，其中

---

① 全称为英国历史古迹或自然名胜保护慈善信托总会（National Trust for Places of Historic Interest or Natural Beauty）。最初成立于 1895 年，属非政府性质的私营慈善机构，旨在保护英格兰、威尔士和北爱尔兰的历史建筑、纪念碑和风景名胜的自然风貌，以及野生动植物。——译者注

② 公顷（ha）为面积的公制单位，$1ha = 10^4 m^2$。——译者注

仅有 169 公顷是未被排干的残存古老沼泽。尽管看起来像是一片荒野，但如今这里必须像周围的农田一样进行精细化的管理。主要的挑战在于防止沼泽干涸，进而变成林地灌丛。这一演替过程很自然地就发生了。它始于生长着植物的开阔水域，在那里，植物死后产生的沉积物会给芦苇的拓植创造适宜的条件。芦苇的根茎在淤泥中扩散，长出茎秆，并将环境逐渐转变为芦苇沼泽。随着芦苇的死去和累积，土地将会渐渐抬升且干涸。此时莎草开始登场，伴随植物残体的积累，地面也变得进一步干燥，适宜主要由药鼠李属和桤叶鼠李组成的灌木生长。曾经的开阔水域经过数年的演替，就变成了茂密的灌丛。

在古老的沼泽时期，这样的演替会被时常发生的自然洪水打断。但是如今包围着威肯莎草沼泽的土地都已经被排干成为农田，也不再受冬季洪水的影响，因此保持沼泽的湿润，阻止水分向低处的农地渗透就成为一项持续不断的努力。水得不断被抽排回沼泽，其内生长的莎草、芦苇和其他草本植物也要定期收割以防止植物残体的累积。即便如此，20 世纪早期在较为干燥的区域内还是形成了灌木林地，因而需要被清理掉。

大型食草动物如今也再次回到了沼泽内，人们寄希望于借助它们的踩踏和取食来保持栖息地的开阔度，以及防止灌丛的萌生。当我在芦苇中搜寻鸟巢的时候，有时会被其中飞驰的马蹄声吓一跳，这是科尼克矮种马的公马在驱赶其母马时发出的声音。这个

源自波兰的品种马具备 7000 年前在英国境内灭绝的野马的一些特征，通过欧洲洞穴里的古老岩画我们得以窥见这些野马的样子。科尼克矮种马矮壮敦实，有着奶油灰色的皮毛，与沼泽的环境十分般配。它们浓密的鬃毛以及长而飘逸的马尾，与风中摇摆的芦苇顶部毛茸茸的芦穗相映成趣。

苏格兰高地牛也被引入沼泽。这些家伙花很长时间静静地站着反刍。我从芦苇丛中钻出来时，经常就跟一对巨大的牛角和一双茫然瞪着的小眼睛相对了。它似乎很好奇：这个人跑到这种地方来干什么？高地牛让人想起直到 2500 年前仍生活在这片沼泽、如今已经灭绝了的欧洲原牛。威肯草甸沼泽的土地里时常能找到欧洲原牛的骨骼，所发现的有些头骨上还带有石器时代人类捕猎的痕迹，附近还出土过一副近乎完整的骨架。

当大自然管理着威肯草甸沼泽的时候，这里有许许多多适宜芦苇莺和大杜鹃生活的环境。如今这里处于人类的掌控之下，这两种鸟的未来也维系于我们手中。如果希望芦苇莺和大杜鹃出现在我们的景观之中，那么就必须为它们管理好土地并投入经费，就如同我们对待农作物一样。

我登上了通往旧观鸟塔的台阶，在入口处发现了一则通告：

"请原谅见到食茧 [1] 和其他污物，因为有只仓鸮在此休息。"建于
1956 年的这座观鸟塔，用芦苇盖屋顶，而在屋脊部分则采用莎
草——这正是这一带村庄的传统建筑手法。相比芦苇，在屋脊部
分使用莎草更易加工，也更加耐久。当我登上并走进观鸟塔之后，
透过木墙的缝隙就能窥见外面的沼泽，墙上还留有啄木鸟啄出的
洞。从观鸟塔塔顶可以俯瞰沼泽，我也有机会检视自己的领地了。
我清理掉座位上的仓鸮食茧，坐下来向外望去，眼前是一片如杂
拼花布般的栖息地。自古老沼泽时期开始，这片挂毯般多彩的土
地就承载了丰富的历史。

　　我的正下方是一条名叫"威肯河"的水道，约 10 米宽，大
概 1 米深。可能要追溯至古罗马时代，这条人工运河就延伸至威
肯村的边缘，也是今天保护区的入口处。它向西流过沼泽，与源
自附近伯韦尔村和瑞奇村的另两条水道汇合之后，向北流入康河，
再汇入大乌斯河，最后奔入沃什湾和北海。这些水道是为了便于
村庄之间的运输而建，村庄都位于地势较高处，如同沼泽里的一
座座孤岛。沼泽内还纵横交错着规模稍小的排水沟。位于边缘稍
大的叫做"渠"，水流平缓、小一点儿的叫"堰"；更小的则称为

---

[1] 鸮类往往会吞下整个猎物，而只有那些易消化的和能破解成碎屑的部分才
　会通过嗉囊，而毛发、骨骼等部分会留在嗉囊内，并在肌肉的挤压下形成
　比较干燥的食茧，最后被吐出体外。一般而言，鸮类会在进食后数小时内
　就产生一枚食茧，并且只有在排空嗉囊之后才能进行下一次的捕猎。——
　译者注

"沟"，这里的水很少流动，有时会完全干涸。这些河、渠、堰、沟组成了水网，两边的芦苇在夏日里就会成为我的芦苇莺和大杜鹃的家园。

向北接近地平线的位置能看到建于 11 世纪的伊利大教堂，它位于伊利岛高地上。赫里沃德正是从这里发起了他抵抗诺曼人的突袭。清晨，当雾气低垂之时，大教堂就像一艘正在驶过沼泽的巨轮。我的下方，威肯河以北，就能眺望到威肯莎草沼泽。这是整片区域内唯一从未被排干的地方，有着莎草地和湿润的草原，生长着草和野花，它们被修剪出来的小路和两旁长满芦苇的水沟分隔开来。

威肯河以南的景象大为不同，这被称作"投机商沼泽"的土地在过去 400 年间曾被数次排干积水和用于耕作，要比河道低上好几米。它因 17 世纪时投资建设了宏大排水工程的富商们而得名。我的偶像之一，埃里克·恩尼恩（Eric Ennion）[1] 饱含感情地描写了他住在"投机商沼泽"南缘伯韦尔村的时光。在 20 世纪 20 至 30 年代的农业萧条时期，排水系统年久失修，洪水再现，大自然重掌了这片沼泽。在恩尼恩于 1942 年出版的《投机商沼泽》（Adventurers Fen）一书中，他回忆了这里的季节律动。春天是挖

---

[1] 埃里克·恩尼恩（1900—1981），英国画家、作家和电台主持人。他毕业于剑桥大学，后在圣玛丽医院接受医疗培训。1946 年，他搬到了弗拉特富德磨坊，以管理员的身份支撑起了这个英国首家开展在地研究和面向公众环境教育的野外研究中心的运营。——译者注

取泥炭草皮，再将其堆放、晒干然后用驳船运输的时节。夏天则是收割莎草和青草的季节。冬天，当霜冻和寒风剥去了芦苇叶之后，人们就该收割苇秆了。这时人们还会剪下柳条以编织篮子和鳗鱼笼，而猎人们也撑着平底船在渠堰里捕猎水禽。

埃里克·恩尼恩经过培训成了一名医生。1926 年，恩尼恩加入了他父亲在伯韦尔村的行医执业。两年后父亲去世，他接班成为当地的医生，并且一干就是 20 年。在沼泽地里当一名出夜诊的医生本身就是一种冒险：

> 夜里沿着那些又窄又滑的堤岸行走是很可怕的 —— 有时要走上数英里[①]，前往一些偏僻的农场或沼泽内的居民小屋。有的时候会有一名向导提着灯笼在事先约定好的地点等着我。

恩尼恩很早就对鸟类和艺术抱有热情。周日休息的时候，他在拂晓时分就起床，带上自己的素描册在挚爱的沼泽地里流连忘返。他写道："按照自己的意愿度过星期天。云朵在天空中次第飘过，风拂动着芦苇和水面，鸟儿们喧嚣不已，好一派热闹的景象。对我而言，这些就是颂歌、布道和赞美诗。"为了应对周日可能出现的急诊，他特意安排了一套"苇塘电报服务"："我妻子在一根高高的杆子上钉了一面旗子，还准备了一个大托盘和用来敲盘的大锣棍。"每当听到托盘敲击时所发出的不祥之声，恩尼恩就立刻

---

① 1 英里 =1.609344 千米。——译者注

收拾起素描册，赶去履行他医生的职责。

　　恩尼恩革新了描绘鸟类的方式。他没有受过正规的艺术训练，通过长期在野外观察鸟儿，了解它们的行为而发展出了自己的绘画风格。他运用自己惊人的视觉记忆能力，观察之后很快就能在纸上用画作留下那些生动的瞬间。他画笔下的鸟儿并未精心摆出造型来表现羽饰的细节，不是肖像画而更偏印象派，显得野性十足而自由。用铅笔寥寥地勾上几笔，他就能传神地把握住那些鸟儿的"气质"。红脚鹬是沼泽里的观察员，羽色光亮又警觉，随时准备起飞，大声地发出告警声。苍鹭蓄势待发，缩着长长的脖颈，目不转睛地盯着身下的水面。雀鹰将尾羽展开以便减速，两爪前伸着扑向一只年轻的紫翅椋鸟。作为营造动态瞬间感的重要部分，恩尼恩经常会画上鸟的影子。凝视他的素描作品，你几乎能够体会做一只芦苇莺是什么感觉。两脚紧紧抓住一根苇秆，随风左右摇摆。恩尼恩的画教会了我用一种全新的视角去看待鸟，就如同新的科学理论一样，激发起我对鸟儿的赞赏之情。

　　1941年，"投机商沼泽"被再次排干积水，沼泽中的芦苇、莎草和灌丛被付之一炬，变为农田，以便为战争中忍饥挨饿的英国人提供食物。恩尼恩哀叹道："这里所有的可爱之处都消失不再。"在这之后他很快便放弃了伯韦尔村的医师职业，前往萨福克郡的弗拉特富德磨坊（Flatford Mill），参与创建了那里的一个野外研究中心。如今，"投机商沼泽"已经成为由英国慈善信托总会管理的威肯草甸沼泽保护区的一部分，如马赛克般由芦苇荡和沼泽地镶嵌而成的景观正在缓慢回归。有一天，我们或许也能感受到七十多年前这片湿地里曾赋予埃里克·恩尼恩灵感的那种昔日荣光。

　　黄昏时分，我从观鸟塔上走了下来，开始步行回家。我的数字标签已经全部就位，自己的研究地已经为即将到来的繁殖季做好了准备。现在就等着芦苇莺和大杜鹃到来。仓鸮已经从塔顶出来捕猎，在威肯莎草沼泽上空幽幽地低飞着。它沿着身下的渠堰，以自己喜好的节奏，不紧不慢地拍打着两翼，无声无息而又稳稳地在风中飞舞。很快，它就在空中稍作悬停，伸出利爪后扎向了地面。这次可能抓到了一只田鼠吧。今夜稍晚的时候，它又会回到观鸟塔屋顶下的栖身之处，将没消化的皮毛和骨头吐出。我下次再去观鸟塔的时候，又会见到一堆新的食茧。

第 4 章

春天的使者

◎ 2014 年 5 月 19 日，一只芦苇莺雄鸟和一只大杜鹃雄鸟，它们都刚从非洲迁来。

一周之后，即4月的最后一天，风向转南。候鸟们正蜂拥而来。威肯草甸沼泽开始发生变化。上次来访时还沉寂着的芦苇荡，突然之间就因为芦苇莺雄鸟"啾啾"和"吱喳"的鸣唱而变得生机勃勃。它们用自信满满、略带沙哑的歌喉，宣誓领域的同时也在吸引着异性。随后，远处传来了今年我听到的第一声"布谷"。

我瞥见这只大杜鹃站在一棵高大的白蜡树树顶。不过它更早地就发现了我，起身快速地飞往沼泽的另一边。大杜鹃怕人，且过独居生活，人们往往只闻其声不见其形。威廉·华兹华斯在诗作《致大杜鹃》（To the Cuckoo）里面很好地描述了这些鸟儿的隐匿习性：

哦，聪慧的新来者！我听到你了，

听到你让我感到欢愉。

啊，大杜鹃！我该称你为鸟？

又或是一个游荡的声音？

在《向大杜鹃道别》（Say Goodbye to the Cuckoo）一书中，迈

克尔·麦卡锡（Michael McCarthy）抒发了我们对于这种春季迁来的候鸟的感情，并对它们数量的减少哀伤不已。他写道：

> 自然界再没有别的东西像这游荡的声音。当它响起之时……一年中人们最为热切期盼的变化便降临了，春天便来了。毫不夸张地讲，这是欧洲人生活中最为重要、也最能引发共鸣的声音之一……夜莺或许引发了更多的诗句，大杜鹃却催生了更多的谚语。

在有些地方，早餐之前听到大杜鹃的叫声被认为不吉利。如果在还没起床的时候，就听到了当年的第一声大杜鹃叫，意味着即将发生疾病或死亡（这明显是在督促人们快起床）。然而，假如外出散步时听到大杜鹃则代表着好运将至，出生在春日里第一次听到大杜鹃叫声那天的孩子会幸运一生。叫声持续的次数也被认为能够预测人的寿命，或者拥有子女的数量，诸如此类。在丹麦的民间传说中，大杜鹃被认为就是因为太忙于这类预言，都没有时间筑巢！

4月末至整个5月，芦苇莺和大杜鹃陆陆续续迁来沼泽。大杜鹃并不容易被看到，不过多数日子里我都能见到两三只雄鸟追逐或鸣唱。它们跟灰斑鸠差不多大，但有着尖长的两翼和长长的尾，

胸腹部还带有横纹，看起来像是一只猛禽。雄鸟停在树顶鸣叫的时候，其独特的姿势就是在翘起尾羽的同时低垂两翼。只有雄鸟才会发出"布谷"声，雌鸟则有着一种像是冒水泡的怪异叫声，由一连串 10 至 15 个减弱的音节组成。雌鸟更加害羞，很少停栖在树顶。生活在威肯草甸沼泽的大多数雌鸟羽色跟雄鸟相近，上体都为烟灰色，下体白色，胸腹部还有着棕黑色的横纹。不过仔细观察还是能看出二者间的区别，因为雌鸟的胸部带有一些米黄色。少数雌鸟跟雄鸟羽色差异很大，上体为鲜艳的红棕色，横纹则是黑色。

当开始忙于记录芦苇莺繁殖行为的同时，我知道大杜鹃雌鸟也藏身在隐匿的高处注视着这一切。没有雄鸟的陪伴，雌鸟自己搜寻着寄主的巢；像是知道雄鸟只会碍事一样，雌鸟产卵的时候也是独来独往。每当从水沟两侧的灌丛里惊飞起一只雌鸟，我都怀疑它会咒骂我打扰了它的监视行动。然而，很多时候我必须走动，而且也没有意识到雌鸟的存在。有一次，我见到一只雌鸟落在一条繁忙小径边的灌丛里，接下来的一小时内很多人就从距它几米远的地方走过。没人发现这只一动不动的雌鸟，它灰色的上体和胸腹部的横纹在树枝之间是种绝佳的伪装。

沿着某些芦苇荡，我用彩环标记了生活在其中的芦苇莺，这样就可以识别不同的个体了。我用雾网——一种张开在垂直撑杆之间的细密网具——来捕捉芦苇莺。清晨是张网的最佳时机，此时太阳还没升起，网具更加不显眼，而且也没有风吹动雾网影响捕获效率。多数个体在掠过芦苇间的缝隙，或者飞去附近灌丛觅食的时候都比较容易捕捉。不过每年都会有些漏网之鱼，可能是因为它们撞网之后被弹开了，于是对网具的存在更为机警。这样一来，我就不得不尝试新的花样，包括更换新的网场，或是使用"噗呲"音诱鸟上网。

不知道为什么"噗呲"音会如此有效。你可以从双唇间轻轻地吐气，就能发出响亮的"噗呲"音。通常马上就会有一只芦苇莺飞过来，攀在附近的芦苇上四处张望。有的时候，我只需在雾网的另一侧发出"噗呲"音，就能诱使芦苇莺前来自投罗网。有一次，为了抓住一只非常狡猾的芦苇莺，我直接躺在网具的正下方，用尽全力发出尽可能大声的"噗呲"音。这只鸟直接冲着我就飞了过来，撞网之后就被挂在了上面，还差几厘米就碰上我的脸。

手里轻轻捧着一只芦苇莺总会让人激动不已，尤其是春日里新迁来的个体，就在几个小时之前它们还飞翔于夜空之中。这只小鸟刚刚完成了一次堪称惊人的旅程。它仅有 11 到 12 克重，比一个大号信封还轻，却飞越了将近 4300 千米的距离，从西非的越冬地来到我们这里。它在夜间迁飞，旅程中的各阶段还要在中停地补充能量积蓄脂肪。以这样的方式，它越过了撒哈拉沙漠、地中海、西班牙、法国、英吉利海峡，最后抵达英格兰南部。这

趟旅程可能需要数周的时间来完成。在接下来的 3 个月里面，它的家就是一块 20 米长的芦苇荡。我在抓到的芦苇莺一只脚上戴个金属环，另一只脚上则装两个彩环，通过不同的彩环组合来实现个体标记。操作完将小鸟释放时，我不禁想：这只会不会上大杜鹃的当，浪费整个夏季来养育一只别人家的雏鸟？

未来的几周内，我每天都在跟进芦苇莺的动态。一旦用彩环标记好，就能识别出不同的个体，此时真会有一种这都是"我的鸟儿"的感觉。我希望能在整个繁殖季内跟踪它们的进展，就像是跟老朋友保持联络一样。同时，我也想知道大杜鹃雌鸟如何掌握其寄主的最新情况。它能依据什么线索找到寄主的巢，并将自己产卵的时间与寄主芦苇莺的周期同步呢？这就是我所注意的，以及杜鹃雌鸟必须仔细观察的内容。

芦苇莺雄鸟会先于雌鸟抵达，好建立属于自己的领域。沿着沟渠，每只雄鸟占据一块长约 20 米的芦苇荡，整个夏天里它都会用鸣唱和行动来保卫这块区域。水道比较宽的地方，雄鸟只会守卫一侧岸边的芦苇；但在较窄的水沟，岸的两侧它都要保卫。还没配对的雄鸟一天中的大部分时间里都会鸣唱。1832 年 5 月，当诗人约翰·克莱尔（John Clare）听到夜莺从一棵苹果树里发出的鸣唱时，他能将这段鸣唱以一首 22 个短句组成的诗记录下来。因为尽管夜莺会不断重复音节，但在句子之间会有停顿。与之相反，芦苇莺的鸣唱就是一连串不间断的重复音节，一般时长约 30 秒，有时也会达数分钟。所以，将其记录下来就是这样的：

Cheu-cheu-cheu, trp-trp, chuck-chuck, kek-kek-kek, tui-tui-tui, whit-chuck, whit-chuck, whit-chuck, trup-trup, werchee-werchee, whit-whit-chu, ptcherr-ptcherr, chirr-chirr-chirr, chirruc-chirruc...

雄鸟到来之后，大约再过一周雌鸟也开始抵达，它们会很快结成配对。当雄鸟鸣唱的频次减少，并且开唱更短语句告诫其他雄鸟的时候，你就知道它此时已经俘获了雌鸟的芳心。当我沿着芦苇荡漫步时，经常能听到新近配对的芦苇莺雌雄之间用轻柔的"chup"叫声窃窃私语。

芦苇莺一经形成配对，就会在一两天之内开始筑巢。筑巢是雌鸟的事，雄鸟通常在雌鸟收集巢材时紧随其后，亦步亦趋。早期的巢建在陈年的芦苇秆里，这是此时唯一的隐蔽之所，位置也会比较低，往往距离水面仅有半米。可新发的芦苇一旦长起来了，便会更受青睐，因为有绿色的新叶提供上部的遮挡，这时的巢就会建得比较高，距离水面一米或以上了。位置较低的巢容易受到黑水鸡从下发起的袭击，这些家伙能游过来将巢拽倒后取食芦苇莺卵。这或许能够解释为什么芦苇莺偏好较高的巢位，其前提是上部有遮挡，因为还存在空中活动的捕食者。松鸦就会从邻近的

树上飞下来掠食卵或雏鸟。坐在巢中的成年芦苇莺也可能被凌空飞过的白头鹞抓走。

几乎所有的巢都悬于水面之上，这样可以防备地面活动的捕食者，尤其是伶鼬。有年夏天某条水沟干涸了，我亲眼见到一只伶鼬接近一个内有雏鸟的巢，它显然是为巢中雏鸟刺耳的乞食叫声所吸引。那只伶鼬一转眼就窜上了巢，等到我冲过去查看的时候，它已叼着一只雏鸟逃走。巢内剩下的三只雏鸟也都死了，每只头上都留下了伶鼬咬过的痕迹。亲鸟整个繁殖季里的辛劳一眨眼就付之东流。晚些时候，那只伶鼬又回来享用了其他几只雏鸟。

芦苇莺的巢编织、固定于苇秆上面，通常筑在三至七根芦苇之间（平均为四根）。在芦苇密度更大的地方，所用的苇秆也会越多；而在芦苇密度较小的地方，巢只能筑在两三根苇秆之间，这样就容易滑落，或是在风暴肆虐沼泽的时候散架。因此，雌鸟对于巢址的选择相当关键。年长的雄鸟，有着前些年的繁殖经验，会比头一年才出生的年轻雄鸟早一个星期抵达沼泽，也更容易率先找到配偶。部分原因可能就在于它们占据了最好的营巢地。领域内营巢条件较差的雄鸟鸣唱两三周的时间，才能吸引来配偶。而这个时候，其他家庭可能都已经在育雏了。由此，取决于不同区域的芦苇长到能够提供足够隐蔽条件的时间不同，生活在沼泽内不同水道之间的芦苇莺在产卵时间上也有着差异。芦苇莺错开的产卵时间使得大杜鹃在整个繁殖季内都有寄主巢可供选择，无疑这也是芦苇莺成为如此有吸引力的寄主的原因之一。

　　芦苇莺的巢就是一件艺术品，由从芦苇秆和叶上撕下的细条编织而成一个深杯状巢。巢本身及与苇秆相连的部位还会用蜘蛛丝加强结构强度。夏日里最为神奇的瞬间之一，就是观察一只雌鸟在朝阳的映照下，从芦苇顶之间的蜘蛛网上收集闪亮亮的蛛丝的场景。通过观察雌鸟的活动，我能找到一些巢。但最好的找巢办法就是沿着岸边走，每隔几米便用木棍分开芦苇查探。

　　我的木棍在整个夏天都成了值得信赖的伙伴，就如同双筒望远镜和笔记本一样是野外工作必不可少的装备。在不小心折断之前，每一根可以用上三四个夏天。通常都是在我笨手笨脚地从水沟里爬出来时，太过用力撑着时杵断的。在找到新木棍之前，我总感觉若有所失。一根称手的木棍应该与肩同高，跟我的大拇指一样粗，末端最好稍有弧度，便于将芦苇拨开。我会逐渐适应新木棍的触感和分量，就像钓鱼人偏好某根喜欢的鱼竿一样。随后，我又开始享受在芦苇丛中四处扫荡，在无数苇秆和芦苇叶组成的丛林里搜索的节奏。迎着阳光的时候最容易发现巢的轮廓，而顺着阳光观察时，芦苇上的强烈反光会让人很难看出巢在哪里。

　　巢杯的编织需要四五天的时间。这之后便是用更为细软的材

料衬垫在巢内，动物毛发和芦穗都行。内衬一旦完成，通常两至四天之后雌鸟就会产卵。这也正是大杜鹃雌鸟最需要密切关注的时期，如此它才能准确地安排自己的产卵时间。然而，在筑巢完成到开始产卵这段时期，芦苇莺的行踪变得更加隐匿。有时雌鸟会离开自己的领域到附近的灌丛去觅食，在这些没被占据的区域它更可能碰上其他的同类。

不管雌鸟去什么地方，领域之内或是以外，它的配偶总是在一两米的距离上紧紧跟随。雄鸟守卫着雌鸟，防止其他雄鸟趁虚而入，因为这段时间内的雌鸟开始寻求交配机会并且能够受孕了。如果雄鸟没见到自己的雌鸟飞走，便会在芦苇里高声鸣唱，或在领域里反复寻找，直到又见到雌鸟为止。我对彩环标记个体的观察显示，在雌鸟接受交配的时期内，一只雄鸟平均每个小时就要赶走入侵者一到两次。这些偷偷摸摸的入侵者大多来自相邻的领域，不过也有的是从四个领域之外跑来的。这些入侵的雄鸟往往不需要守着自己的配偶，要么是因为雌鸟还没开始筑巢，要么则是已经在孵卵了。所以这些家伙可以放心地到处溜达，而不用担心自己被戴绿帽。

在这样的配偶保卫期内，有些种类的雌鸟会设法逃过雄鸟的密切关注，去跟别的雄鸟交配。有时为了达到目的，雌鸟会飞越好几个领域的边界。对若干物种的详细研究发现，雄鸟的求偶炫耀是其基因质量的信号。具有更复杂炫耀行为的雄鸟往往也能更好地存活，从而将自己的遗传优势传递给后代。雌鸟为自己后代选择更优良基因的行为也给上述观点提供了证据。为了争夺那些特别具有吸引力的雄鸟，雌鸟们不惜抛弃已有的配偶，这种行为被称作"婚外交配"。不同种类的雌鸟对于吸引力的诠释也存在差异。有些种类的雌鸟看重的是雄鸟鸣唱的复杂程度，有的雌鸟则更看重雄鸟鲜亮的羽色。参与婚外交配的雌鸟会去选择那些跟自己的配偶相比，鸣唱更为婉转，或者羽饰更加靓丽的雄鸟。而根据这些特征，已经与有吸引力的雄鸟配对的雌鸟，相对而言就会表现得更为忠贞。

由于精子能够在雌性鸟类生殖道上的盲端小管内保持一周或更长时间的活力，因此雌鸟就具备了存储精子的能力。所以，如果一只雌鸟跟两只以上的雄鸟交配，它的储备当中将会存在源自不同雄鸟的精子。如此一来，它的一窝雏鸟通常有着多个父亲。有些种类的雌鸟尤其开放，例如芦鹀，该种不少于一半的雏鸟都出自婚外交配。

运用 DNA 标记确定亲子关系，我们发现威肯草甸沼泽里的大多数芦苇莺雌鸟都忠实于它们的配偶。仅有 15% 的巢内含有出自婚外交配的雏鸟，通常这样的巢当中每窝也仅有一只。总计全部的雏鸟里面只有 6% 来自婚外交配。这或许是因为芦苇莺雄鸟寸步不离地守卫自己的配偶，也或许是因为该种的雌鸟通常会拒绝第三者。对于其他种类的研究发现，雄鸟如果察觉到自己被"绿"

了，不能确定自己对于整窝雏鸟百分百的父权，在育雏时可能只会提供较少的帮助。假如芦苇莺雌鸟必须依赖配偶的辛勤付出才能成功抚育自己的后代，那么它可能也会以忠心耿耿作为回报，确保雄鸟全力以赴，尽到做父亲的责任。

芦苇莺雌鸟的产卵时间在黎明之后不久，每天产一次，每次产一枚。威肯草甸沼泽内该种大部分巢的满窝卵数为四枚，也有三枚或五枚的情况，两枚或六枚的很少见。一旦雌鸟产下第一枚卵，雄鸟对其的守卫行为突然就减少了，转而花更多的时间在巢周围活动。为什么会这样呢？谢菲尔德大学的蒂姆·伯克黑德和他的同事用圈养的斑胸草雀进行过实验，发现通过婚外交配取得父权在雌鸟产卵之前的效力最高。但是无论如何，即便是在第一枚卵产下之后，婚外交配仍然能对原配雄鸟构成威胁。鸟卵是在产下之前的大约 24 小时才受精。因此，一旦芦苇莺产下了第一枚卵，将会在第二天产下的第二枚此时就已经处于受精状态了。考虑到雄鸟已经成功地守卫了自己的配偶，所以它能够确定这头两枚卵是自己的骨肉。不过，第三枚和第四枚卵仍存在被接下来发生的任何婚外交配行为受精的风险。那为什么雄鸟不持续守卫雌鸟到第三枚产出呢？这样不就能够确保它对全部四枚卵的父权了吗？

可能有多种原因导致芦苇莺雄鸟将雌鸟产下第一枚卵视为停止守卫配偶的信号。首先，对于其他种类的研究发现，一旦产下了第一枚卵，雌鸟寻求交配的意愿也随之减弱。其次，在产卵前一周左右的时间内，雄鸟会在一天中多次跟雌鸟交配，因此到了卵准备受精的时候，雄鸟交配的精子在雌鸟的储备当中占据了数量上的优势。所以，可能第一枚卵的产出对于雄鸟而言是一个可以松口气的信号。雄鸟行为上的突然改变，或许还有着另一个原因。随着雌鸟产下第一枚卵，它们的巢就变得容易被寄生了。也许此时雄鸟就得将注意力从提防第三者转向对付大杜鹃了。

当巢中只有一到两枚卵的时候，雄鸟大多数时间就守在附近，保持警觉，有时还会坐到巢里。这期间我去查巢的时候，雄鸟通常会鸣唱出几段语句作为对我出现在巢周边的回应。孵卵以及卵中胚胎的发育，一般是在最后一枚卵（多为第四枚）产下之后才开始。雄鸟和雌鸟会轮流分担孵卵责任，每次坐巢的时长从 10 到 30 分钟不等。它们换岗的时候动作非常迅速。在听到配偶用轻柔的 "chup" 叫声宣告自己就要来到之后，坐在巢中的鸟一下子就闪开了。

一般在孵化 12 天之后，雏鸟就出壳了。通常最先产下的头两三枚卵会比最后一枚卵早一天孵出，因为在达到满窝卵数之前雄鸟有时会坐巢，也就给了最开始的几枚卵提前发育的机会。所以，通常一窝内的雏鸟体型会有大有小。身在巢中的雏鸟会被双亲饲喂大约 10 到 12 天，在两翼还没完全长成之前就会离巢。幼鸟们会用强壮的脚紧紧抓住芦苇，像小小的杂技演员一样在苇秆间吃

力地攀爬。离巢后的最初阶段，它们总是安静地蹲着，等待亲鸟回来投喂。这一阶段，它们身上暖棕色的羽饰很好地匹配了旧芦苇荡的颜色，形成了良好的伪装。我在拨开芦苇找巢的时候，经常会发现一只小小的幼鸟就蹲在离我鼻子几厘米远的地方。

幼鸟再长大一些之后，就会跟随父母一起在领域内活动，有时还会到岸上的灌丛中"远足"。离巢10到14天之后，它们的飞羽和尾羽或多或少已经长成，就能够自己捕食了。这时它们就会离开出生的领域，告别父母独自生活。繁殖季早期就成功养育了一窝雏鸟的家庭，可能还有时间再次筑巢并养大第二窝后代。但是多数芦苇莺父母只能养大一窝。由于有像松鸦这样的巢捕食者存在，许多家庭的卵或雏鸟都遭遇了不测。一旦发生了巢捕食，在一两天之内雌鸟就会在领域内的其他地方重新开始，通常都会使用旧巢中的材料来修筑新巢。

在过去的三十年间，芦苇莺父母在其繁殖活动上所倾注的惊人能量总是让我惊叹不已。雄鸟先要建立起自己的领域，然后它要持续地鸣唱以吸引雌鸟，在雌鸟筑巢和寻求交配时又要悉心守卫，随后还要和雌鸟分担孵化和育雏的重任。这一过程中巢如果遭遇了不测，一切都要迅速地重新来过。大杜鹃能渗透进芦苇莺如此繁忙、紧张的日程中，也实在是了不起。毫无疑问，我们也可以设想，芦苇莺在对抗大杜鹃的巢寄生方面也必须拼尽全力。

我跟学生时代就结识的好友迈克尔·布鲁克（Michael Brooke）于 20 世纪 80 年代一起在威肯草甸沼泽开展了头三个繁殖季的野外工作。他现在已经是剑桥大学动物博物馆的鸟类研究馆员了。我们监测了所有能够找到的芦苇莺巢，想看看究竟有多少会被大杜鹃寄生。我俩将研究区域一分为二，一人负责一边。似乎自然而然地我们就拥有了属于自己的领地，这跟人的狩猎天性也不谋而合。实际上，我们在乐此不疲地比拼，看谁能找到更多的巢或者大杜鹃卵。在这之后只要是跟哪位男同事合作，我都会进行这样的安排。我们从不会未经允许就进入他人的领地，不然就会觉得自己像是一只入侵的芦苇莺，心生歉疚。

然而女同事都觉得这样来做野外工作实在有些奇怪。她们往往会一起搜索整片区域，就像共同享有领地一般。通过合作，她们跟我和迈克尔一样，既找到了很多巢，也收获了不少欢乐。然而，哪怕在威肯草甸沼泽已经做了近三十年的野外工作，我的领地意识依然很强。最近，保护区的管理人跟我说，有访客汇报，看到一位老者拿着木棍，在我的研究区域内找鸟巢。当天晚上我差不多快失眠了，翻来覆去地想：会不会是有非法收集鸟卵的人来了？第二天一早起床后思绪清醒了，我才突然意识到：那个老者不正是自己吗?!

在我们研究的头两年里，也就是 1985 和 1986 年的夏天，产卵期内迈克尔和我一共监测了 274 个芦苇莺巢，每天都会去查探一番。其中有 44 巢（占 16%）被大杜鹃寄生了，这里面 38 巢内只有一枚大杜鹃卵，但另外 6 巢则有两枚。正如埃德加·钱斯所做的一样，我们也能根据大杜鹃卵的底色和花纹差异识别出不同的雌鸟个体。根据卵的颜色和花纹的不同，很明显，那有着两枚大杜鹃卵的 6 巢，每巢都分别被两只不同的杜鹃雌鸟寄生了。

跟钱斯研究的大杜鹃雌鸟相似，我们跟踪的许多雌鸟也是在各自独立的领域内产卵。例如，沿着一条 400 米长的水沟，我找到了一只杜鹃雌鸟产下的 7 枚卵，沿另一条 850 米的水沟则发现了别的雌鸟产下的另外 7 枚卵。在这两只杜鹃雌鸟的领域内大约各有 20 个芦苇莺的巢，因此显然它们并未寄生全部的寄主巢。

我尝试着去预测大杜鹃会选择哪个寄主巢，也由此体会到了 60 年前钱斯所经历过的兴奋之情。我并不是总能猜对！有天下午，我正在想一只杜鹃雌鸟该产卵了，因为它两天前才下过一枚。当时在它的领域内，有两个巢的芦苇莺刚开始产卵，正是合适的寄生对象。其中一巢就在访客中心边上，一队学生正在那儿活动，保护区的人则在附近开着拖拉机工作；另一个巢则在沼泽中的一处僻静的地方，我也因此决定就守在那里，希望能见到杜鹃雌鸟产卵。一直都没有杜鹃的踪迹，刚过了下午 5 点，我就惊讶地听到从访客中心方向传来了它的叫声。我赶去检查了那里的芦苇莺巢，发现它果真刚在里面产了卵。巢周围有将近 30 人在活动，可是没有一个人看到它。

追踪不同的芦苇莺个体，彩环标记是一个不错的方法。但大杜鹃行踪隐匿难于观察，因此无线电遥测跟踪才是研究它们移动的可靠技术手段。我们将一个小型的发射器粘到大杜鹃背部的羽毛上面，在 3 千米的范围以内可以用接收天线来收听它所发出的无线电信号。发射器一般能工作几个月，已经足够在整个繁殖季内追踪一只大杜鹃了。夏末当大杜鹃换羽的时候，发射器就会随之脱落。

20 世纪 70 年代，伊恩·怀利（Ian Wyllie）在剑桥郡附近的圣艾夫斯，靠近威肯草甸沼泽附近的地方开展了针对大杜鹃的第一个无线电遥测追踪。他还借助彩色翅标实现了对大杜鹃个体的识别。伊恩研究的大杜鹃跟威肯草甸沼泽里的一样，都专性寄生芦苇莺。每只大杜鹃雄鸟在面积大约 30 公顷的区域内鸣叫，而同一范围里面最多可以有 5 只雄鸟。因此，雄鸟显然没有排他性地占据领域。

每只雌鸟会在特定的范围内产卵，面积大概也是 30 公顷。有些个体确实会排斥其他雌鸟进入领域。但是，有时雌鸟也会与多达三只的其他雌鸟共享一个产卵区域。当出现这种情况时，其中

一只雌鸟会显得处于优势地位，也比其他个体产更多的卵。有一只被无线电信号追踪的雌鸟，其产卵区域在繁殖季内跟其他6只不同雄鸟的活动区域重叠，有时还能见到好几只雄鸟在同时追逐这只雌鸟。

在德国，对寄生芦苇莺的大杜鹃开展的无线电遥测追踪也有跟怀利类似的发现。雄鸟一般同样有着重叠的鸣唱区域。占优势地位的雌鸟会保卫自己产卵的领域，并且在接下来的年份还会返回同一领域；地位相对较低的雌鸟，其活动区域会跟一只或多只优势雌鸟的相重叠，且产的卵更少。但一只优势雌鸟消失不见的话，它的领域会被其他雌鸟接管。

这些研究表明，大杜鹃雌鸟会竞争有着充足寄主巢供给的区域。有些时候，雌鸟会保卫自己的产卵区域，从而形成排他性的领域。尚不清楚它是如何做到这点的。或许它发出的一连串叫声作为"阻止靠近"的信号对其他雌鸟发挥了作用。然而，如果某个区域因为有大量的寄主巢而吸引来多只雌鸟的话，地位较低的或游荡的雌鸟也可能有机会在优势雌鸟的领域内成功产卵。这也就解释了为什么有时我们会在一个寄主巢内发现有两枚大杜鹃的卵。

乍一看，这种对于寄主巢的竞争显得有些古怪，因为其实只有少部分的寄主巢会被大杜鹃寄生。我们在威肯草甸沼泽头两年的工作中就发现，只有16%的芦苇莺巢遭到了寄生，而就整个英国的芦苇莺而言，巢遭到寄生的比例还不到5%。显然，寄主巢应该是供大于求的吧？但是，并非所有的芦苇莺巢对大杜鹃而言都是同样合适的。大杜鹃雌鸟寻找寄主巢的时候，需要躲在灌丛或树上的隐蔽处暗中观察寄主的活动。在威肯草甸沼泽里我们就发现，芦苇莺巢被寄生的概率，跟距离适宜杜鹃停栖的瞭望点远近呈负相关，距离越近，被寄生的概率就越高：距离这样的瞭望点 5 米以内的巢，被寄生率为 22%；距离 10 米远的巢，则降为了 10%；20 米远的巢只有 5% 被寄生；40 米以外的巢被寄生的概率不到 1%。因此，大杜鹃确实需要竞争它们侦察范围之内的寄主巢。

大杜鹃雄鸟不参与产卵，它们的成功只取决于跟尽量多的雌鸟交配，以及能够将其他的雄鸟驱离，以确保自己的父权。所以，当雌鸟将注意力集中在寄主的时候，雄鸟则紧盯着雌鸟。有的时候，一只雄鸟可能会独霸一只雌鸟的产卵区域，由此就获得了跟这只雌鸟排他性的交配权。例如，在牛津郡一片孤立的芦苇荡内，迈克·贝利斯所研究的一只雌鸟一个夏季在芦苇莺巢内产下了 9 枚卵。通过 DNA 图谱发现，这些杜鹃雏鸟的父亲都是同一只雄鸟。

不过，当寄主密度很高的时候，许多雌鸟都会被吸引到同一区域。这时雄鸟们的活动范围也可能出现重叠，如此一来它们都要竞争交配机会。日本信州大学的中村浩志（Hiroshi Nakamura）在长野市郊区一处寄主密度很高的地方开展了研究，这里的大杜鹃寄生千曲川河畔芦苇丛中筑巢的东方大苇莺。他利用无线电遥

测追踪和彩色翅标发现，当地有多只雄鸟及雌鸟共享同一区域。由此，大杜鹃雌鸟和雄鸟都有机会接触更多的潜在交配对象。对大杜鹃雏鸟的 DNA 图谱研究显示，同一个繁殖季当中，该区域内许多雌鸟的后代出自两只或三只雄鸟，同时一只雄鸟最多的情况下会使四只雌鸟的卵受精。

无线电遥测追踪研究还揭示了大杜鹃有一种不同寻常的移动模式，这也使得雌鸟更难排他性地占据某块区域，雄鸟也更不容易去守卫雌鸟。雄鸟和雌鸟需要到远离繁殖区域的地方去觅食，通常是四五千米之外，有时甚至远达 23 千米。这些觅食地多是果园或林地斑块，有很多它们最喜爱的食物——毛虫。在觅食地活动的杜鹃不发出鸣叫，只有回到繁殖区域之后才会开始鸣叫。中村浩志的观察表明，大杜鹃每天只有一半的时间在繁殖区域内活动。雄鸟多在拂晓时分出现，到了上午晚些时候就飞去觅食地，有些时候会在傍晚时分返回，再逗留一两个小时。雌鸟每天出现在繁殖区域的时间较晚，并倾向于一直待到下午，产卵期就更是如此。

在威肯草甸沼泽，我和迈克尔·布鲁克每天都兴致勃勃地出去查探我们的芦苇莺巢。巢里会发现一枚大杜鹃卵吗？芦苇莺会接受它吗？我仍记得自己找到第一枚大杜鹃卵时的狂喜。中午时分，我发现那个巢里面有三枚芦苇莺卵，到下午六点再去查看时，其中一枚芦苇莺卵已不见踪影，取而代之的是一枚大杜鹃的卵。杜鹃的卵很是醒目，因为它比剩下的两枚芦苇莺卵要稍大一些，形状也要更圆一点儿。此外，尽管大杜鹃卵的底色跟绿色的芦苇莺卵相近，但是它上面的斑点要更细小一些。我的第一个念头是：既然大杜鹃的卵在我看起来都有不一样，芦苇莺会不会也这么想呢？所以，我坐回岸边，开始透过芦苇间的一道窄缝观察这个巢。

一分钟不到，芦苇莺雄鸟回巢了。它站在巢的边缘，专心致志地注视着巢内。随后，它用喙伸进巢内戳来戳去地整理了差不多一分钟。显然是很满意一切正常的状态，雄鸟开始坐在巢中孵卵了。它把身子压得很低，因此只有喙和眼睛露出在巢的一侧，翘起的尾羽则突出在巢的另一侧。二十分钟过后，它突然一下就窜出了巢，没发出一点声音。几秒钟之内，雌鸟就出现在巢边上。同样，它也站在巢边缘用喙戳了戳巢里面，也专注地检查了一遍卵。这之后，雌鸟也开始孵卵了。我随即起身离开，非常困惑：为什么这一对芦苇莺似乎都没有注意到大杜鹃的卵呢？

第二天下午，我又去检查了头一天的那个巢。芦苇莺雌鸟此时已经产下了第四枚卵，因此巢中就有了三枚它的卵。但是，那枚稍大一些的卵却不见了。所以，在一天之内，这对芦苇莺还是排斥掉了大杜鹃的卵。1985 和 1986 年间，在迈克尔和我找到的

44 个被寄生的巢里面，有两巢在大杜鹃产卵之后很快就遭到了捕食者的破坏，我们也就没有办法确认这两巢芦苇莺父母对大杜鹃卵的反应。在剩下的 42 巢当中，有 8 巢的亲鸟排斥掉了大杜鹃的卵。这里面又有 4 巢是亲鸟直接将大杜鹃卵扔了出来。我们找到了其中一枚被排斥掉的大杜鹃卵，躺在 1 米深的水沟底部，依然完好无损。另外的 4 巢则被芦苇莺亲鸟直接放弃了，雌鸟还立刻拆掉了旧巢，利用里面的材料在附近建了新巢。因此，在被寄生的巢当中，19% 的亲鸟排斥了大杜鹃卵，而其余的 81% 则接受了被寄生的命运。我们还发现，芦苇莺通常需要一到两天才会排斥掉大杜鹃卵。这种时间上的延迟意味着我们不大可能错过大杜鹃卵被排斥的事件，因为在被大杜鹃产卵寄生之后芦苇莺亲鸟并不会很快就做出反应。

发现芦苇莺并不是总被大杜鹃愚弄之后，迈克尔和我都感到很兴奋。对寄主而言，能够认出大杜鹃的卵显然有着巨大的优势。在威肯草甸沼泽，芦苇莺父母需要大概 47 天去养育一窝平均 4 只的雏鸟：6 天筑巢，4 天产卵（每天一枚），12 天孵卵，11 天育雏，以及雏鸟离巢后还需喂养 14 天直至它们独立。每个繁殖季里大多数的芦苇莺配对仅有一次成功繁殖的机会，只有那些很早就开始繁殖的才可能有时间再来一窝。但是，养育一只大杜鹃的雏鸟则要花更长的时间，它要在巢内待 19 天，出巢后还需喂养两到三周。因此，一对不幸的芦苇莺夫妇要是被寄生了它们的第一巢，就将花太长时间去照料大杜鹃的雏鸟，导致当年繁殖季内根本没有时间养育自己的后代。对于寄主而言，巢中如有了一枚大杜鹃卵的话，其破坏性可能比捕食者吃掉全部的卵或雏鸟都还要大。接受大杜鹃的卵就意味着那个夏天它们注定一无所获，而遭受巢捕食至少还有机会从头再来。

现在可以考虑排斥掉一枚大杜鹃卵会给寄主带来多大益处了。如果芦苇莺排斥了寄生卵，它们就会拯救自己其余的卵，所失去的不过是大杜鹃雌鸟前来产卵时移走的那一枚。对于有着四枚卵的寄主而言，排斥掉一枚寄生卵，它们就有机会将三只自己的骨肉抚养长大，仅仅比那些没被巢寄生的家庭少一只而已。就算有的芦苇莺可能不会识别大杜鹃的卵，而以弃巢的方式来应对，它们依然获益不浅。这样的亲鸟能够立刻开始筑新巢，又有了一次养育一窝亲骨血的机会。

所以说大杜鹃并非总是笑到最后。芦苇莺依据什么线索发现大杜鹃的卵呢？大杜鹃又用什么伎俩来攻破寄主的防御呢？迈克尔和我决定在野外通过实验来回答这些问题，并且我们意识到，最好的办法就是让我们自己"变成"大杜鹃。

第 5 章

扮演大杜鹃

◎ 2014 年 5 月 20 日，威肯草甸沼泽，一只芦苇莺雌鸟正在收集蛛丝用作巢材，它的配偶站在附近，一只大杜鹃雌鸟正注视着它们。

　　我有个制作大杜鹃模型卵的秘方。从博物馆里借来一枚大杜鹃卵的标本，再用它做成一个可以分为两半的模具，然后将合成树脂注入模具，等待树脂硬化。最后将模具打开，就得到了一枚大杜鹃卵的模型，其大小和质量都跟真的卵一模一样。运用丙烯颜料，我将它们涂成不同的颜色，来代表大杜鹃不同族群的卵：专性寄生芦苇莺的产绿色带斑点的卵，专性寄生草地鹨的产棕色带斑点的卵，专性寄生白鹡鸰的产灰白色带斑点的卵，专性寄生红尾鸲的则产纯蓝色的卵。我的书桌上就有上百枚大杜鹃的模型卵，现在我自己就准备成为一只大杜鹃了。

　　我们不妨回顾一下埃德加·钱斯如此美妙地揭示的大杜鹃产卵流程。首先，我们可能会对卵本身提出疑问。为什么不同族群的大杜鹃要产"模拟寄主"的卵呢？也就是说，它们的卵为什么要相似于各自不同的寄主的卵？还有，大杜鹃的卵为什么要如此之小呢？它们的卵跟寄主的大小相近，但对于大杜鹃来说做到这点并不容易。因为与其体型相比，它们的卵实在小得惊人。

　　接下来，我们可能会对产卵流程本身发问。为什么大杜鹃雌鸟要等到寄主开始产卵之后，才到寄主巢中产卵呢？为什么它要先移除一枚寄主的卵，再产自己的呢？为什么它产卵会如此迅速呢？

最后，我们还想要了解有关大杜鹃雏鸟的问题。为什么它会将寄主的卵和雏鸟推出巢去？为何这样的劳动要让才孵出不久的大杜鹃雏鸟来完成呢？由大杜鹃雌鸟来完成这些显然更加容易，在它产卵之前就可以将寄主的卵全部移除了。

所有这些问题的明显答案其实在于，大杜鹃的策略都是为寄主的防御而量身定做的。如果它不产下从大小和外形上都拟态寄主的卵，或者在产卵时机上出现了差错，又或者在产卵前没有移除寄主的一枚卵，诸如此类的失误都会让寄主更有可能发觉自己被寄生了，从而排斥掉大杜鹃的卵。在准备好了一批大杜鹃模型卵，并且也拿到了研究许可之后，我们能够利用模拟大杜鹃寄生的实验来对这些假设进行验证了。最初的设想是依次在大杜鹃产卵流程对应的各个阶段进行实验操作，来看这些操作是否能够欺骗以及如何欺骗到芦苇莺。

迈克尔和我体会到的第一点就是：当一只大杜鹃真不容易！为了开展实验，我们必须找到很多处在合适阶段的芦苇莺巢，即正处在产卵期的巢。然而将一枚模型卵放到寄主巢内，接下来的每

一天都来查探，看芦苇莺有没有接受它。这还真是一件很有乐趣的事情。在我们人类的眼中，模型卵看起来很逼真，而且经过孵化后跟真的卵一样也会升温。我们的朋友布鲁斯·坎贝尔（Bruce Campbell）当时是英国最富有经验的鸟类学家之一，在碰到我们进行过实验操作的某个巢时，竟也误以为那个巢是被真正的大杜鹃给寄生了。这件事让迈克尔和我颇为得意。

首先，我们验证了大杜鹃的卵在颜色和花纹上模拟寄主的卵是否重要。斯图尔特·贝克（Stuart Baker）在 1913 年最先提出，寄主对于卵的识别所形成的选择压力催生了大杜鹃卵的拟态：

> 寄主父母通过虽缓慢但确定地清除那些与自己的卵反差最为明显的寄生卵，即可达到完美的适应过程……经由这种方式，那些产最不适应的卵的大杜鹃类型将逐渐消亡，而那些所产的卵与寄主卵最为相近的大杜鹃则会延续下去。

贝克在印度对大杜鹃的研究当中找到了寄主识别寄生卵的蛛丝马迹。他将偶尔发现的拟态很糟糕的大杜鹃卵与那些拟态良好的大杜鹃卵的命运进行了比较。很明显，这些卵源自不同族群的大杜鹃雌鸟，分别对应不同的特定寄主。在他所发现的 21 枚拟态不好的卵当中，有 12 枚被遗弃，占总数的 57%；相反，拟态良好的 158 枚卵当中，只有 6 枚遭排斥，仅占总数的 4%。这些结果表明，寄主可能很在意卵的外观。然而，可能也有其他因素导致了匹配不好的卵更容易被遗弃。比如，外来族群的大杜鹃雌鸟可能会花更长的时间去寻找并不熟悉的寄主的巢。这或许会引发更大的干扰，导致寄主更容易弃巢。想验证正是卵的外观影响了寄主的排斥行为，我们需要做一个实验，保持其他方面不变而只变换卵的外形。

我们的实验表明，芦苇莺确实很在意巢内卵的样子。它们接受了几乎所有那些颜色和斑点都被涂成相似于自己卵的模型卵，这些模型卵跟专性寄生芦苇莺的大杜鹃所产的卵一样。但是，它们排斥了三分之二跟自己卵明显不同的模型卵，比如，典型专性寄生草地鹨的棕色带圆斑的模型卵，专性寄生白鹡鸰的灰白色带斑点的模型卵，或专性寄生红尾鸲的纯蓝色的模型卵。对这些模型卵的排斥情况跟发生于真的杜鹃卵身上的一样，大约一半被寄主直接从巢中扔了出来（我们在巢下的水中找回了一些），另一半则是遭到了寄主的直接弃巢，并且模型卵上面通常还留有寄主啄过的痕迹。

就像对待真正的大杜鹃卵那样，芦苇莺往往会等产到满窝卵数时才会排斥掉模型卵。我第一次将一枚蓝色的模型卵放入一个芦苇莺的巢，然后坐到岸边开始观察，期望着寄主能立刻排斥掉它。可是那天寄主完全接受了模型卵，于是我怀着模型卵实验将会失败的复杂心情回了家。我想，可能寄主意识到我们的模型卵是假的，就将其当做毫无生命的物件接纳了。不过，寄主一旦完成了自己的满窝卵数，接下来的反应清楚地显示它们对陌生卵的

接受完全取决于其外观，而与其是否由合成树脂组成无关。由此可知，做实验的时候一定要有对照组（这里的对照组就是那些跟芦苇莺卵相似的模型卵），并且还要有耐心。我们想知道，延迟拒收模型卵是不是由于只有达到满窝卵数，寄主才更容易通过比较来识别出奇怪的陌生卵。

芦苇莺父母会交替孵卵，看它们啄模型卵的样子就知道雌雄都会参与对那些不像自己卵的筛查。然而，配对的芦苇莺在这点上并非总会达成一致。在一个巢里面，雄鸟就持续孵着一窝卵，其中含有一枚很不匹配的模型卵，而雌鸟则在它下方忙着拆巢，将材料拿到附近去建新巢。观察这个旧巢很有趣，每次当雌鸟从其中扯出满嘴的巢材时，雄鸟就会凑到巢边盯着它看，好像对发生的一切若有所思。几个小时之后，旧巢几乎被完全拆散，雄鸟迫于无奈也只得搬家。

芦苇莺弃巢可能是对我们的模型卵做出的反应，也可能是对真正的大杜鹃卵做出的回应。无论是哪种情况，芦苇莺弃巢后往往会在附近再建一个新巢。但有的时候，它们会将新巢直接建在旧巢上面。这样会形成一个两层的巢，遭放弃的旧巢被新巢埋在下方。为什么会这样而不在新巢址去重建呢？或许是为了减少被再次巢寄生的概率吧。如果大杜鹃雌鸟能记住它已经寄生过的巢址，并且不再去打这些巢的主意，那么芦苇莺就能从将新巢建在旧巢之上的行为中获益。大杜鹃雌鸟可能误以为这个巢已经被寄生过了，便会高抬贵手。也许在新址重建的巢会更容易被当做新巢？期待天赐良机，令这个有趣的观点得以验证。

我们发现，芦苇莺更容易接受跟自己卵外观相似的大杜鹃卵。这看起来是一个明显符合预期的结果，以至于让人怀疑是否值得用实验来验证。然而，对于大杜鹃为什么演化出拟态卵（mimetic gees），至少还有两种假说。与达尔文同时代的艾尔弗雷德·拉塞尔·华莱士（Alfred Russel Wallace），也是自然选择学说的共同发现者，曾对自然界的伪装非常着迷。他认为，鸟的卵色是保护色非常好的一个例证。如果寄主的卵色具有伪装色以至于可以减少被捕食的话，那么也同样适用于大杜鹃的卵。他在 1889 年写道："如果每一枚鸟卵都在某种程度上受到其卵色与所处环境相协调的保护的话，出现在巢中的一枚稍大的且卵色差异非常明显的卵将可能导致整窝卵都遭破坏。"华莱士认为，寄主和大杜鹃的卵各自独立地演化出了相同的颜色和图案，因此包含寄生卵在内的整窝卵才不会吸引捕食者。因此，即便不存在寄主对卵的识别，大杜鹃卵的拟态依然能够通过捕食的选择压力演化而来。

我们可以通过持续监测放入了模型卵的芦苇莺巢的命运来检验华莱士的假说。可是，我们得到的结果并不支持他的观点，有些巢中杜鹃卵的拟态效果不佳，而有些巢中杜鹃卵的拟态效果很

好，相比之下，前者并没有遭受比后者更高的巢捕食率。

第三种有关寄生卵拟态的假说源自观察到有时一只大杜鹃雌鸟会在已被其他雌鸟寄生了的巢中产卵，这是雌鸟间活动范围发生重叠的结果。每巢都仅能容纳一只大杜鹃雏鸟，如果两枚大杜鹃卵都孵出了，势必会有一番争斗，导致其中一只排斥掉另一只。爱德华·詹纳于1788年最早描述了这一现象，他在一个林岩鹨巢内发现了两只大杜鹃雏鸟：

> 今天早上两只大杜鹃雏鸟在同一个巢内孵出。几小时之后，这两只雏鸟之间爆发了对巢控制权的争夺，并且一直持续到了第二天下午。其中体型或多或少更大一些的那只取得了胜利。这场争斗非常引人瞩目。参与的双方轮番显示出了优势，将对手数次扛到了巢的边缘，随后又因扛不住对手的体重而任其滚回巢底。直到最后，更强壮的那只经过各种努力终于占了上风。

正如埃德加·钱斯所发现的那样，大杜鹃雌鸟在自己产卵前会先移除一枚寄主的卵。如果寄主巢已经被寄生了，那很明显第二只大杜鹃雌鸟可以通过移走已有的一枚寄生卵而获益，尤其是当已有的那枚寄生卵可能更早孵出，因而其中的雏鸟在争夺巢控制权时也更为有利。从理论上讲，拟态寄主卵的大杜鹃卵更不容易被第二只来到同一巢中产卵的大杜鹃雌鸟识别并移除，如此也能演化出大杜鹃卵对寄主卵的拟态。

由于有些时候大杜鹃雌鸟也会查探被我们放入了模型卵的芦苇莺巢，因此我们也有机会验证上述的第三种假说。令人惊讶的是，我们发现，即便模型卵与寄主卵的颜色不同，大杜鹃雌鸟也不太可能移除模型卵。而且我们对大杜鹃雌鸟在已真正寄生有一枚大杜鹃卵的巢中产卵的观察也表明，它们在移除卵时并未表现出有选择性。它们只是随机地挑出一枚卵。因此，我们没有找到有关寄主卵的拟态可能有助于大杜鹃卵不被另一只大杜鹃移除的证据。

迈克尔和我依然对后来的大杜鹃为什么不直接移除前一枚大杜鹃卵感到困惑。它们理应注意到其他大杜鹃卵的存在，并且应当移除掉这些卵。拍摄大杜鹃雌鸟在寄主巢中的片子显示，它产卵之后就立刻头也不回地离开。所以，也许它从来没有机会去比较寄主卵和大杜鹃卵之间的区别。无论如何，任何在产卵前将寄主巢中最奇怪或最大个的卵移除的大杜鹃雌鸟都会具有极大优势。大杜鹃对于巢寄生倾注了如此大的努力，很奇怪，它们竟然没有在产卵流程中加上这一额外的改进。

然而，即便是大杜鹃雌鸟会识别长相古怪的卵并将其从寄主巢内移除，由此产生的选择压力还是赶不上寄主对卵的识别。在威肯草甸沼泽，仅 14% 已被寄生的巢会遭到第二只大杜鹃雌鸟造访，然而这里 69% 的寄主巢都会排斥拟态不好的卵。换句话说，与寄主卵匹配不好的大杜鹃卵只有 14% 的机会被另一只大杜鹃移

除，但是却有 69% 的概率被芦苇莺直接排斥。

上面的实验表明，如果大杜鹃卵拟态寄主卵的颜色和斑点，就更容易骗过寄主。那么，卵的大小是否也需要跟寄主卵相匹配呢？寄生性的杜鹃产相对较小的卵，要远小于那些体型相近但没有巢寄生习性的杜鹃种类的卵。大杜鹃的卵平均只有 3.4 克重，跟云雀卵差不多大，跟大杜鹃体重（100 克）相当的非寄生性杜鹃产的卵则有 10 克，跟椋鸟的卵相仿。如此大的一枚卵可能就没法被体型较小的寄主孵化了，而且我们的实验也显示，芦苇莺会排斥那些个头较大的卵。但我们将拟态椋鸟卵的模型卵放入芦苇莺巢内时，与大杜鹃卵相比，它们确实更容易被寄主排斥掉。

跟非寄生性杜鹃的卵或寄主的卵相比，寄生性杜鹃的卵还有一个特点：它们往往拥有更为坚实的卵壳。其强度的提高，部分原因在于卵壳更厚，部分原因在于质地更为紧实。对于像芦苇莺这种体型较小的寄主来说，大杜鹃卵太大且很难叼在嘴里，因此它们会试图啄穿卵壳。如果它们在上面啄开了一个洞，就会先喝掉一点儿蛋清，以免撒出来弄脏自己的卵。随后，芦苇莺会用喙衔着洞的边缘，将大杜鹃卵小心地举起来并扔出巢。更厚的卵壳更难以啄透，所以可能会在寄主排斥寄生卵的意志不坚定时阻碍其啄穿行为。确实，有时会在芦苇莺巢下发现完好无损的寄生卵，说明它们可能是将大杜鹃卵整个扔出巢去的。我们并不清楚它们是如何做到这点的，或许是用喙或脚将寄生卵整个给滚出去的吧。

厚壳的大杜鹃卵可能不仅可以承受来自寄主的攻击，也能减少在产卵时的意外损伤。这点或许特别有益，因为大杜鹃雌鸟产卵时总是很匆忙，或者是要通过巢上的一个狭窄开口将卵挤入，这样的话，卵在落入巢内时会经历一个短暂的下坠过程。

此前描述过的实验显示，为了欺骗寄主，大杜鹃的卵须在大小和外观上拟态芦苇莺的卵。大杜鹃雌鸟产卵行为的其他方面呢？为了检验这些行为对于欺骗寄主的重要性，我们用模型卵开展了进一步的实验。这时将模型卵涂成专性寄生芦苇莺的大杜鹃的卵，再依次改变大杜鹃所采取的每一步策略。

首先，我们检验了产卵的时机。我们将模型卵放入芦苇莺已经完成但还未开始产卵的巢内时，在寄主产卵之前出现的模型卵全部都被排斥了：有的是被直接扔出了巢，有的则是被寄主新做的一层巢内衬压在了下面。这时，芦苇莺所采取的策略非常合理："任何在我还没开始产卵前就出现在巢内的卵肯定不会是我自己的，扔掉没商量。"这也就解释了大杜鹃为何一直要等到寄主开始产卵之后才开始巢寄生。

　　一旦芦苇莺开始产卵，我们发现，巢中卵的数量并不会影响模型卵被排斥的概率。尽管如此，大杜鹃还是倾向于在寄主产卵的早期开始巢寄生。我们还发现，芦苇莺巢在有了4枚卵的阶段，以及在此之后，被寄生的概率要少于这一阶段的期望值。为什么会这样呢？大多数芦苇莺的满窝卵数为4枚，并且在最后一枚卵产下的当天就开始孵化。这意味着在4枚卵阶段及在此之后才产卵的大杜鹃将会处于劣势，因为它的雏鸟不太可能比寄主的雏鸟提前孵出，而寄主的雏鸟可能比寄主的卵更难推出巢去。因此，自然选择会青睐那些在合适的阶段开始巢寄生的大杜鹃：既不要太早，否则寄生卵会被寄主排斥；也不能太晚，不然寄生卵不能及时地孵出。

　　多数雀形目鸟类在清晨产卵。在威肯草甸沼泽，芦苇莺往往在日出后一个小时内产卵，即早上5点至6点之间。大杜鹃则恰恰相反，正如埃德加·钱斯精巧地发现的那样，是在下午5点至傍晚之间产卵。为什么？大杜鹃通常在寄主巢内有一枚卵的阶段开始巢寄生，而为了顺利地完成，它们显然必须在寄主产卵之后再下手。这或许也解释了为何它们在下午产卵，但解释不了为什么要等到那么晚。我们将模型卵于拂晓时分放入芦苇莺巢内，来检验其在寄主巢中出现的时间是否会影响到它被接受的概率，结果发现，这些较早放入的确实比下午放入的更容易被排斥。所以，大杜鹃在下午产卵是其伎俩的又一部分。然而，我们并不知道为什么下午是产卵的最佳时机。在威肯草甸沼泽，芦苇莺下午的时候确实更少待在巢内，因此可能大杜鹃雌鸟这个时间更不容易被寄主发现。但是，在其他地点的研究却发现，芦苇莺上午和下午在巢的时间差不多。

接下来将涉及大杜鹃产卵流程中最为引人瞩目的方面，即产卵的速度。多数鸟类产卵的时候会坐在巢里酝酿 20 分钟至一个小时。与之相反，一只大杜鹃雌鸟造访寄主巢的速度快得惊人。在庞德·格林公地，埃德加·钱斯的"雌鸟 A"在每个草地鹨巢内产卵平均只花 8.8 秒。钱斯在为它准确计时的 8 次产卵中，有 7 次持续约 10 秒，最快的一次只花了难以置信的 4 秒，最长的一次则是16 秒。

伊恩·怀利在威肯草甸沼泽的边缘研究寄生芦苇莺的大杜鹃，这些雌鸟产卵的时间往往也是约 10 秒钟。但是，在捷克对同样寄生芦苇莺的大杜鹃进行的研究发现，它们的产卵时间有时会更长。阿尔内·莫克斯内斯（Arne Moksnes）、埃温·罗斯卡夫特（Eivin Røskaft）、马塞尔·洪扎（Marcel Honza）和同事用摄像机记录下了 14 次大杜鹃雌鸟的产卵，它们在寄主巢待的时间从最短 7 秒至最长的 158 秒，平均为 41 秒。真正的产卵周期平均只持续 13 秒，包括从第一次叼住寄主卵并移除它，然后坐到巢中产卵，到最后

飞走。现在还不清楚是什么原因导致了这种时间上的差异，或许
年长的、更有经验的雌鸟动作更快？

为什么大杜鹃雌鸟产卵要如此迅速呢？快速的产卵可能会减
少寄主攻击所带来的损害。东欧地区的芦苇荡里生活着另一种大
杜鹃喜爱的寄主——大苇莺，其体型相当于芦苇莺的三倍。有人
曾观察到大苇莺冲向正在产卵的大杜鹃，将其从巢中击打出来落
到下方的水中，有时有些大杜鹃就这样淹死了。即便是体型较小
的寄主，例如草地鹨和芦苇莺，也可能在攻击中用喙和脚弄坏大
杜鹃的羽毛。不管怎样，大杜鹃雌鸟产卵之前隐匿的行为也给人
感觉它是在降低自己被发现的概率。见到一只大杜鹃在自己巢内，
会警示寄主排斥大杜鹃卵吗？

迈克尔和我在产卵期将一只大杜鹃雌鸟的剥制标本放到芦苇
莺巢里来验证这一点，每次让寄主观察标本五分钟。为了向埃德
加·钱斯致敬，我们给这个标本取名为"埃德加"。当然我们也
认为，对于雌鸟来说，这并非一个很好的名字。在许多巢里，芦
苇莺都对标本发起了围攻，它们在一米范围内飞来飞去，敲打
着喙发出响亮的叫声，"skrr...skrr"，通常还会用喙和脚击打"埃
德加"。有些攻击相当激烈，最初的几次尝试之后我们不得不把
"埃德加"放到一个细铁丝笼里面以保护它不致被芦苇莺打坏。寄
主五分钟的围攻之后，我们将标本移走，然后在巢内放入一枚模
型卵。这样我们的实验就模拟了一只产卵太慢而被寄主发现了的

大杜鹃。令我们高兴的是，这种情况下有 40% 的模型卵被寄主排斥了，要远高于巢内没有预先放置标本时的那些模型卵被排斥的概率（仅 3%）。见到一只杜鹃在巢内，确实警示了寄主排斥掉寄生卵。

寄主排斥卵的动机之所以增强，部分原因可能在于，它们的兴奋度普遍增加了，而并非针对大杜鹃的一种特殊反应。因为我们发现，在芦苇莺巢里放上巢捕食者寒鸦的标本，同样可以增加模型卵被排斥的概率。不过，大杜鹃标本产生的影响确实更大。当然，即使排斥卵这一行为的增加是对巢入侵者的普遍反应，这一点仍然足以形成促使大杜鹃快速产卵的选择压力。

对草地鹨和大苇莺进行的类似实验同样表明，见到巢内的大杜鹃标本可以刺激寄主增加排斥卵的概率。在捷克拍摄的芦苇莺巢录像显示，真正的大杜鹃也会起到同样的效果：有 9 次寄主遇到了正在产卵的大杜鹃，其中的 6 次（67%）大杜鹃卵都被排斥了；与之相对，另外 4 次没有撞见大杜鹃产卵的寄主则全部接受了大杜鹃的卵。

因此，对自然产卵和标本实验的观察都表明，大杜鹃快速产卵是为了避免引起寄主的警觉。产卵的实际过程，即将卵从泄殖腔中挤出的肌肉运动，其他鸟类不大可能比大杜鹃更快了。大杜鹃的非凡之处在于，它能在一定程度上控制产卵活动的时间。正如埃德加·钱斯所发现的，产卵之前大杜鹃雌鸟会在俯视寄主巢

的栖枝上安静地蹲上一小时左右。据推测，正是在这期间，它的卵从输卵管降入泄殖腔内待产。大多数鸟类会坐在自己的巢内经历这一段过程。但是如果大杜鹃在寄主巢内待上这么长时间就会使寄主警觉。所以，它的伎俩是在附近的栖枝上做好产卵的准备，造访寄主巢时只需关键几秒用来排卵。

1922 年，塞西尔·道内太太（Mrs Cecil Dawnay）在给《乡村生活》（*Country Life*）杂志投稿的一封信当中描述了一个有趣的案例，极好地揭示了大杜鹃雌鸟控制产卵的能力。这封信也将我们带回到了上个世纪那些更为风雅的日子：

6 月 4 日是圣灵降临节，我们正在房屋外的草坪上打网球。我的保姆在育婴室外的阳台上喊道：有只大杜鹃飞进了那个房间的地板上。我妹妹走到楼上抓住了那只大杜鹃，再带到草坪上给大家看。它轻轻地飞到了我女儿稚嫩的肩上停下，然后以最为严肃的方式产下了一枚卵，直接滚到了草地上但没有摔破。之前我们就注意到，这只大杜鹃蹲在育婴室窗外的树上，它在盯着那窗户几英尺外紫藤丛里的一个白鹡鸰巢。我们觉得，大杜鹃正是打算将自己的一枚卵产进那个巢。

埃德加·钱斯在自己的《关于大杜鹃的真相》中对这一非凡的记录做了评论：

　　这只大杜鹃毫无疑问想在那个白鹡鸰巢内产卵，但是为室外的网球比赛所打扰，延误了产卵时机，最后它再也等不下去了。在绝望的困境中，它起飞时错过了自己的目标，穿过窗户落到了育婴室地板上。它的安静和明显的顺从可能是由于决心将卵憋到最后一刻而引发的某种麻痹。

　　我们还可以补充一点：由于有厚实的卵壳，杜鹃卵滚落到地上也没有受损。几天之后有人又去检查了那个白鹡鸰巢，发现里面有了一枚新的大杜鹃卵。看样子那只大杜鹃雌鸟真是执着啊。

　　埃德加·钱斯也曾亲眼见证了大杜鹃雌鸟产卵控制能力的另一案例。1924 年，在庞德·格林公地，他所挚爱的"雌鸟 A"被另一只雌鸟取代。钱斯称其"愚蠢又无能，笨手笨脚，在找到寄主巢和重新定位巢方面的表现都很差"。在产卵之前，这只雌鸟会习惯性地在它选定的草地鹨巢附近的栖枝上待四五个小时，可飞落到地面时通常又找不到寄主的巢了。钱斯有时观察到，这只雌鸟在地上花一个小时重新定位寄主的巢并产卵，这期间会一直被草地鹨攻击并失落很多羽毛。一天下午，他观察这只雌鸟一直没能找到某个草地鹨巢，最后只有在欧柳莺巢内产卵。另有一次，它于下午五点四十分飞到地面的一个草地鹨巢附近，由于没找到这个巢，最终于八点二十分将卵产到了一个林鹨巢内。这些有趣的观察表明，如果需要的话，大杜鹃雌鸟可以将产卵的时间推迟两三个小时之久。这些也表明，定位寄主巢的能力对于快速产卵至关重要，并且可能通过经验的积累而得到提高。

迄今为止，我们通过实验研究过的大杜鹃产卵策略的不同环节，即卵的拟态、大小、产卵时机和快速产卵，都是为了增加寄主接受寄生卵的概率。那么，大杜鹃雌鸟为何要在产卵之前移除寄主的卵呢？它们往往会移除一枚，偶尔也会两枚，极个别情况下可达三枚。这一现象通常就发生在落到寄主巢内准备产卵之前。如果仅移除一枚寄主的卵，大杜鹃雌鸟会一边将其衔在喙间，一边产卵，完事后再叼着卵飞走。最后，它会吞下这枚卵。如果移除两枚及以上的卵，它则会坐在寄主巢上奋力向后甩头，先吞下第一枚，然后在产卵的时候用喙叼着另一枚寄主卵。偶尔，它们会在产卵前的一两天就移除掉一两枚寄主的卵，到产卵的时候再移除另一枚。

迈克尔和我认为，就欺骗寄主来说，大杜鹃移除卵的行为一定很重要。寄主显然会清点自己卵的数量，从而容易发觉巢中突然出现了多余的一枚卵。然而，让我们感到惊讶的是，实验结果表明，移除卵并非欺骗寄主的关键所在。就算我们径直放入一枚拟态的模型卵，而不是事先移除一枚寄主卵以保持巢中卵数不变，芦苇莺同样会接受这些直接放入的模型卵。类似地，不管我们有没有移除寄主的卵，它们仍是倾向于排斥掉那些不具拟态的模型卵。对草地鹨进行的实验也同样显示，对寄主的卵移除与否，并不影响它们是否接受陌生模型卵。

所以，大杜鹃雌鸟为什么会移除一枚卵呢？有一种可能性是，它在搜寻并清除掉其他大杜鹃的卵。假如果真如此，正像我们已经看到的那样，它的行为并不是很精准。无论是对真正的大杜鹃卵还是我们的模型卵，均未发现大杜鹃雌鸟倾向于选择已有的大杜鹃卵进行移除。无论如何，即便是随机地移除一枚卵，也好过完全不清除。另一种可能性是，移除寄生卵不过是为大杜鹃卵腾出空间，保证巢内不会有太多的卵而影响寄主的孵化效率。我们的实验结果支持这种观点。因为跟移除一枚寄主卵相比，单纯地加入一枚模型卵而不做移除，确实会导致更多的芦苇莺卵不能顺利孵出。这表明，寄主能正常孵化的卵的数量确实有个限度。

最后，大杜鹃雌鸟移除寄主卵或许只是为了加个餐。可是为什么它不移走寄主的整窝卵呢？我们的实验表明，寄主的反应才是问题的答案。当我们将芦苇莺的最终窝卵数控制在三枚时，它们从不弃巢；但若是减少至两枚时，有的寄主就会弃巢；如果再降至一枚，则几乎总是会弃巢。威肯草甸沼泽多数的芦苇莺满窝卵数为四枚，三枚或五枚的也并不少见。因此，对于满窝卵数为三枚的芦苇莺巢，大杜鹃最多可以移除一枚（寄主会再产一枚，保持满窝卵数不变）。满窝卵数为四枚的，则最多可能移除两枚

（寄主会再产一枚，加上大杜鹃卵就能保持满窝卵数不变）。这个观点做出的预测跟观察到的大杜鹃行为相符，它们的确通常移除一枚，有时会两枚，但极少有三枚的。移除一枚以上寄主卵，其附加代价是大杜鹃雌鸟将会在寄主巢内逗留更长的时间，也会有更大的可能让寄主警觉。

尽管芦苇莺几乎总会抛弃仅剩一枚卵的巢，但它们却不会丢下自己最后的一只雏鸟。这种反应显然是算过账的。繁殖季节短暂，大部分配对的芦苇莺只有时间养育一窝雏鸟。假如因巢捕食仅剩下一枚卵，由于尚处于繁殖周期的开始阶段，所以往往有时间重新来过。再开始筑巢产卵也有不错的机会养育一窝正常数量的雏鸟，不过是延迟了一到两周，这样好过将时间全部用在剩下的一枚卵上面。然而，一旦雏鸟孵出，就意味着已经过去两周多了，要再重新开始的话时间就不够了。所以，这时专心养大仅剩的一只雏鸟显然要胜过颗粒无收。

上述芦苇莺简单的繁殖经济账对大杜鹃的巢寄生策略产生了深远的影响。这也非常清楚地解释了为什么是大杜鹃雏鸟承担了排斥寄主卵的艰巨任务，而不是大杜鹃雌鸟在产卵的时候就代劳了。既然巢内卵数大为减少将导致寄主弃巢，那大杜鹃雌鸟产卵时能移除的寄主卵数量就是有限的。而由于寄主并不会抛弃已经孵出的雏鸟，两周之后大杜鹃的雏鸟就可以高枕无忧地将巢内的其他卵或雏鸟排挤掉了。

用模型卵所做的实验使得我们能够一步步地剖析大杜鹃产卵时的各种伎俩。每一步对于确保寄生卵的最终成功都很重要。与寄主卵在外观和大小上相像，寄主就容易受骗而将大杜鹃的卵视若己出。产卵的时机把握和移除掉一枚寄主的卵同样重要，可以保证寄生卵得到有效的孵化，并在适当的时候孵出。产卵的速度也很关键，可以避免寄主产生警觉。

但是现在我们还有一个谜题需要解释：如果大杜鹃的成功离不开种种的这些手段，那么最开始它又是如何成为巢寄生者的呢？很有可能，寄主的防御和大杜鹃的诡计是共同演化而来，它们针锋相对，世代相传，最终逐渐得以形成。因此在这场"军备竞赛"刚开始的时候，寄主将只有很少的防御或完全缺乏防御，而大杜鹃也不需要采取我们今天所见的复杂手段。为了检验这些观点，我们需要将模型卵带出威肯草甸沼泽，到更多的潜在寄主种类那里"扮演"大杜鹃的角色。

第 6 章

围绕卵的"军备竞赛"

◎ 2014 年 6 月 9 日，威肯草甸沼泽，一只大杜鹃雌鸟正注视着下方的芦苇莺，而忽略了降落在它附近的一只雄鸟的炫耀。

复活节假期在德比郡的荒野里拖着一根绳子必然会引人瞩目。迈克尔和我全天都在搜寻草地鹨的巢。他抓着绳子的一端，我抓住另一端，两人缓慢地齐头并进，希望能惊飞坐在巢中的草地鹨。绳子稍高出地面，像是一把轻柔的刷子，不会对植被和草地鹨的巢造成破坏。它们的巢就藏在草丛下的浅凹里。即便从鸟飞出的地方我们可以确定巢的具体位置，但要找到隐蔽良好的巢通常也不容易。巢内深棕色的卵在植物的阴影之中也有着极好的伪装。我们今天找到了23个巢，这是整整一天辛劳的收获。每一个巢中都放入了一枚模型卵，明天我们将再回来检查草地鹨是否接受了它们。但我们找巢的行为被报告给了当地的警察，现在一位身着蓝色制服、头戴高警盔的警官正穿过荒地朝我们走来。

我们向警官解释并没有从鸟巢中收集鸟卵，而是将模型卵放入巢内。毫不奇怪，这位警官很难相信这样的说辞。我们扮演大杜鹃的日常行为在自己看来是如此合情合理，以至于完全忘了对于不了解我们为什么会有这样奇怪行为的人而言是多么的可笑。我们只好向警官描述所进行的实验，并给他看模型卵和研究许可。

这之后他才放下心来。在为他这次奇异的出警记录确认好大杜鹃这个单词如何拼写之后，警官祝我们好运并回去继续执勤。

草地鹨是大杜鹃在英国高泽地生境中喜好的寄主。在英格兰西部和北部、威尔士和苏格兰的荒野中专性寄生草地鹨的大杜鹃族群占了大多数。它们产棕色带斑点的卵，拟态了草地鹨深棕色的卵。我们的实验表明，跟寄生芦苇莺一样，杜鹃卵的拟态在愚弄寄主上发挥着重要作用。草地鹨更倾向于排斥那些拟态不好的模型卵，比如那些专性寄生白鹡鸰的更浅的、灰白底色的模型卵，或是专性寄生红尾鸲的纯蓝色的模型卵。我们通常会在离巢不远处发现被排斥的卵。

我们也在英国大杜鹃所喜好的另一种寄主白鹡鸰的巢内放入了模型卵，该种的巢筑在河岸、石堆和围墙的缝隙里面。专性寄生白鹡鸰的大杜鹃族群产灰白色带斑点的卵，是对寄主卵的一种很好的拟态。白鹡鸰也偏向于排斥跟自己的卵差异大的模型卵，这再次证明了寄生卵拟态的重要性。对大杜鹃所喜好的其他几种寄主进行的实验都表明，这些寄主很在意卵的外观，都排斥拟态不好的模型卵。很明显，是寄主的排斥选择了大杜鹃专性寄生特定种类的行为。这样，最终演化出了大杜鹃的不同族群，其中每一族群所产的卵都拟态特定寄主的卵。

然而，有一个与证明法则明显相反的例外情形 —— 这里的"证明"（prove）一词，其本意就是探究或检验某个观点。过去曾

被称为"篱雀"（hedge sparrow）的林岩鹨，是林地、公园和树篱
环境中大杜鹃喜好的一种寄主。它们将巢筑在灌丛、树篱和矮树
这类通常隐蔽性很好的茂密植被里面。寄生林岩鹨的大杜鹃产灰
白底色带红棕色圆斑的卵，跟林岩鹨美丽的天蓝色卵区别很大。
正如两百多年前吉尔伯特·怀特在《塞耳彭博物志》中所写：

> 出于充分的理由，你肯定很好奇，林岩鹨为何被诱使坐到大
> 杜鹃的卵上孵化，而没有对这大到不成比例、并非己出的卵感到
> 震惊。我想，林岩鹨这粗陋的造物，对于卵的大小、颜色或数量
> 都没什么概念吧。

还没有人去研究是否有些大杜鹃个体真的是在专性寄生林岩
鹨，但确实很有可能存在着这样独立的一个族群，因为我们基于
DNA的研究发现，它们与专性寄生草地鹨和芦苇莺的大杜鹃存在
着遗传上的差异。约翰·欧文（John Owen）对生活在英国低海拔
地区农田和林地的大杜鹃进行过最为详尽的研究，他于1912至
1933年间在埃塞克斯郡的费尔斯特德区不可思议地记录到了509
个被寄生了的巢。这当中林岩鹨就占了302巢，很容易就成了出
现频率最高的寄主，因此似乎很多大杜鹃都会专性寄生林岩鹨。
此外，尽管大杜鹃在林岩鹨巢内产下的卵明显不拟态寄主，底色
和花纹都不对，但是无疑这些卵自成一个类型，卵色介于专性寄
生草地鹨和白鹡鸰的大杜鹃卵色之间。

为什么寄生林岩鹨的大杜鹃以其不拟态的卵而在欧洲其他族群当中显得如此独特呢？答案显而易见。因为林岩鹨正是欧洲大杜鹃的主要寄主当中唯一没有表现出卵识别能力的种类。我们的实验表明，它会接受各种颜色及图案的模型卵。我们想知道，林岩鹨究竟只是色觉不好，还是它们于巢穴所在的茂密植被中很难分辨卵色。或许，在它们阴暗的巢中，林岩鹨自己的蓝色卵与各式模型卵看起来都呈一样的灰色？因此，我们又用色调明显不同的白色或黑色的模型卵进行了实验，结果林岩鹨还是照单全收了。它们甚至会接受整窝跟自己卵色都不同的模型卵，所以，林岩鹨会接受一枚模型卵并不只是因为它们认为这就是块无害的合成树脂吧。

我们对林岩鹨——欧洲大杜鹃所喜好的寄主里面最奇怪的这一种的研究很有启发性。这些研究结果表明，一个大杜鹃族群只有在寄主具备识别卵的能力时才会演化出拟态的卵。如果林岩鹨开始排斥拟态不佳的卵，我们可以肯定，寄生它们的大杜鹃就会演化出拟态的卵来作为回应。芬兰的欧亚红尾鸲产跟林岩鹨一样的纯蓝色卵，在这里，专性寄生它们的大杜鹃雌鸟就会产拟态完美的蓝色卵。

我们仍然有个问题没有得到解决：为什么寄生林岩鹨的大杜鹃会产跟寄主迥然不同的卵？许多生活在林地和农田的鸟类都产浅色且斑驳的卵。如果专性寄生林岩鹨的大杜鹃有时将卵产到其

他具有识别能力的鸟类的巢内，那么它们的卵可能会着眼于次要寄主而演化出一种通用的拟态。

　　截至目前，我们以人类的视觉评估了大杜鹃与其寄主卵之间的匹配程度。但是鸟类的视觉系统跟人类的并不相同。在我们的视网膜上有三种跟色觉有关的视锥细胞，可以感受不同波长的光。长波的在我们看起来是红色，中波的则是绿色，短波的就是蓝色。鸟类具有第四种视锥细胞，让它们可以感知波长更短的光，即紫外光。因此，青山雀雄鸟头顶的蓝色，或蓝喉歌鸲雄鸟喉部的蓝色，在鸟类的眼中会更加炫目。实验研究表明，紫外光段的视觉在鸟类的配偶选择上发挥着重要作用。如果将遮蔽紫外光的乳剂涂抹在青山雀雄鸟头顶，或蓝喉歌鸲雄鸟的喉部，对照组雄鸟的相应部位则涂抹上不会遮蔽紫外光的乳剂，结果发现，雌鸟会更青睐对照组的雄鸟。在人类的眼里，涂抹了不同乳剂的两组雄鸟看起来是一模一样的，然而鸟儿能看出区别。

　　我在剑桥大学的同事卡西·斯托达德（Cassie Stoddard）和马丁·史蒂文斯（Martin Stevens）对欧洲多个大杜鹃族群的卵与其寄主卵之间的匹配情况进行了重新评估。首先，他们测量了在整个光波长范围内卵底色和斑点色在鸟类眼中的匹配程度。结果发现，大杜鹃的卵不仅在人眼可见的光波长范围（蓝色至红色）内与寄主的卵相匹配，在只有鸟类自己可见的紫外光段也同样如此。接下来，他们测量了大杜鹃卵和寄主卵在斑点大小上的匹配程度。这些测量结果可以用于量化大杜鹃卵与寄主卵之间的匹配度，就如同鸟眼所感知到的那样。

他们发现，不同大杜鹃族群卵拟态的完美程度，跟其各自寄主种类的特性有关。我们自己用模型卵所做的实验也揭示了这一点。例如，像大苇莺和燕雀这些识别卵能力最强的寄主，就对应了寄生卵拟态程度最高的大杜鹃。这类大杜鹃族群演化出了惟妙惟肖的寄生卵拟态，在底色、斑点颜色和大小方面都趋近完美。寄主识别能力稍弱，则会发生中等程度的匹配，就像草地鹨和芦苇莺所对应的情况。而正如林岩鹨的例子所示，当寄主对其他鸟类的卵没有识别能力时，大杜鹃则完全不会产拟态的卵。

剑桥大学的另一位同事克莱尔·斯波蒂斯伍德（Claire Spottiswoode）曾就大杜鹃是否会演化出更厚的卵壳，以应对那些具有更激烈排斥卵行为的寄主进行了验证。大杜鹃卵壳的平均厚度约为十分之一毫米，最厚则可达八分之一毫米。这似乎听起来微不足道，但却意味着跟平均厚度相比，击穿后者需要超过两倍的力量才行。较厚的卵壳是为了抵御识别能力更强的寄主演化而来的吗？克莱尔对博物馆里收藏的英国大杜鹃各族群卵壳标本进行了比较。她发现，寄生如芦苇莺、草地鹨或白鹡鸰这样具有识别能力的寄主的大杜鹃，其卵壳比寄生林岩鹨这类没有识别能力的要

厚得多。

因此，为了应对寄主逐渐加强的排斥行为，大杜鹃的不同族群演化出了既有拟态，又能抵御寄主攻击的卵。

"军备竞赛"类比假定，随着寄主逐渐提高防御能力，大杜鹃也一代代地逐渐演化出了令人惊奇的各种伎俩。这种永无止境的"军备竞赛"被称为"红皇后"演化，取自刘易斯·卡罗尔（Lewis Carroll）所著的《爱丽丝镜中奇境记》（*Through the Looking Glass*）当中的人物。在这本书中，红皇后拉着爱丽丝的手一起奔跑，速度越来越快。但令爱丽丝惊讶的是，她们似乎完全没有移动而停在原地。爱丽丝问道："在我们的国度，如果你跑得很快且跑了很长时间，总是会到达别的地方。"红皇后回答说："你们真是太慢了！在我们这儿，想要留在原地都必须快速地奔跑。"

大杜鹃和寄主是否在进行这样的"军备竞赛"，各自演化出对策及反制措施，以跟上对手的节奏呢？

有一个引人入胜的"思想实验"，我们做梦都想尝试这样的实验。如果我们能带着模型卵回到许多世代之前，在芦苇莺的祖先种群被大杜鹃寄生以前就对它们进行实验，那么根据"军备竞赛"理论，这些芦苇莺对巢寄生的防御会较弱，因此不大可能排斥跟自己的卵外观不同的模型卵。此外，假如这当中的每一方的确只是为了跟上另一方的进步而演化，就像"红皇后"演化模式那样，那么我们可以想象，过去的大杜鹃的卵拟态也会比较差，以此就足以应付过去的那些识别能力差的寄主。这就像如今的大杜鹃卵得具有良好的拟态，才能与当下识别能力强的寄主势均力敌。所以，随着寄主提高了它们的防御，大杜鹃也改进了它们的花招，结果可能是寄生者相对的成功率也保持不变。作为我们"思想实验"的最后一部分，我们还可以预测，跟今天大杜鹃的卵相比，当下的寄主会更容易识别出过去世代大杜鹃的卵，因为过去的大杜鹃卵拟态并不好。

不可思议的是，有人还真做过这样的实验。但不是在大杜鹃及其寄主之间，而是在另一对敌手身上。多枝巴斯德氏芽菌（*Pasteuria ramosa*）是一种寄生性细菌，它的寄主是大型蚤（*Daphnia magna*）。这似乎跟我们的大杜鹃研究相差甚远，但是这些微小生物之间的战斗也导致了类似的演化"军备竞赛"。大型蚤是小型甲壳动物，仅有一两毫米长，生活在淡水池塘里面。它们通过将水送入口中，过滤细小的食物微粒来取食，有时就会摄入像多枝巴斯德氏芽菌这样的有害细菌。多枝巴斯德氏芽菌会附着在大型蚤的肠道上面，并会散布到寄主的整个体腔内，最终导致大型蚤不育。因此，被类似的细菌感染将会降低大型蚤的繁殖成功率，正如接受大杜鹃的卵会影响寄主的繁殖一样。

有些大型蚤的遗传株（genetic strains）可凭借化学防御不让芽

菌附着于肠道（这非常像寄主排斥杜鹃的卵）。这就会有利于那些能够绕过类似防御的芽菌的演化，比如会拟态为食物微粒的芽菌（这非常像大杜鹃的卵通过拟态寄主的卵而蒙混过关）。大型蚤的不同遗传株会由此演化出能够识别这种拟态的防御，导致芽菌演化出新的拟态。随着芽菌演化出更进一步的拟态以及大型蚤演化出相应的防御机制，这场"军备竞赛"就会延续下去。

　　现在就有了在上述系统当中用一个非常巧妙的研究来验证红皇后演化的机会。大型蚤的卵和芽菌的孢子能够以休眠的状态存活相当长的时间，如此一来，它们或许可在长期的干旱中幸存。这些卵和孢子会在池塘的沉积物当中累积，形成过去世代的"活化石记录"。比利时天主教勒芬大学的埃伦·德卡斯泰克（Ellen Decaestecker）和她的同事从一个池塘中取出了时间跨度为39年的沉积物钻芯。其中包含涉及数以百计世代的休眠的大型蚤卵和芽菌孢子。每一层的沉积物就代表了"军备竞赛"中的一个片段，是当时生活着的大型蚤和芽菌种群的历史记录。研究者们随后利用适宜的温度和夏日的光照条件将不同世代的卵和孢子重新激活。大型蚤由此可以暴露于来自同一层沉积物内的同时期芽菌，或来自更深层沉积物的更早期芽菌。所以，这就能完全等效于我们梦想中的实验了，即比较寄主在面对当前和过去寄生者时的表现。

　　结果表明，大型蚤的确不易被过去世代的芽菌感染。因此，大型蚤演化出了击败过去世代芽菌招数的防御，而当下的芽菌则相应地演化出了可以抵抗寄主防御的新招数。然而，当用芽菌去侵染同时期的同一代大型蚤时，感染率则在 39 年间都未发生变化。因此，随着时间的推移，双方旗鼓相当的态势保持了不变。它们真的做到了"留在原地的快速奔跑"。

用大杜鹃和寄主来进行这样的实验只能是迈克尔和我的痴人说梦。不过，虽然不能回到过去去检验早先的寄主种群是否识别能力更弱，我们还是可以做一个等效的实验。有些雀形目鸟类天生就不适宜做大杜鹃的寄主，它们大致可分为两类。第一类包括了用种子来饲喂雏鸟的种类，比如多种雀类。它们不适宜的原因在于，大杜鹃雏鸟需要进食无脊椎动物才能健康长大。第二类的食谱倒是合适，但却住在狭小的洞里面，大杜鹃雌鸟没法前去产卵。后者包括了山雀、斑姬鹟、鹛、椋鸟、家麻雀及雨燕。如果对陌生卵的识别能力是专门针对大杜鹃的巢寄生演化而来的话，那么我们可以预测，这些不适宜的寄主将不会表现出排斥卵的行为。它们跟大杜鹃并无历史纠葛。

为了寻找这些不适宜的寄主的巢，迈克尔和我花了两个夏天的时间骑着自行车在英国乡间游荡，并且会在巢内放入跟巢主的卵外观有差异的模型卵。我们在挪威特隆赫姆大学的合作者，

阿尔内·莫克斯内斯、埃温·罗斯卡夫特和博德·斯托克（Bård Stokke）也在挪威利用模型卵对大杜鹃不适宜的寄主进行实验。我们两边的工作均显示，这些种类接受了大多数我们放入的模型卵。

对亲缘关系较近种类的反应进行比较尤为有意思。斑鹟所筑的开放巢能被大杜鹃雌鸟寄生，也表现出了对不像自己卵的模型卵的强烈排斥。而在洞中筑巢的斑姬鹟对模型卵就完全没有排斥行为。[①] 在燕雀科里面，燕雀和苍头燕雀主要以无脊椎动物饲喂雏鸟，因此是大杜鹃适宜的寄主，这两种也确实表现出了对模型卵的强烈排斥行为。欧金翅雀、赤胸朱顶雀、白腰朱顶雀和红腹灰雀这四种主要用种子饲喂雏鸟的就很少有或者完全没有排斥模型卵。上述比较表明，对卵的排斥行为并不是简单地由分类关系所决定的。更确切地说，只有当某个物种被大杜鹃利用时，才会演化出这种行为。

这些结果同时也表明，林岩鹨的行为跟那些从未跟大杜鹃进行"军备竞赛"的种类一样。林岩鹨是大杜鹃巢寄生的最新受害者，所以还没有足够的时间来演化出识别卵的能力吗？首先，从古老文献当中得到的线索就不会同意这种观点。我们已经看到两百多年前在《塞耳彭博物志》当中，吉尔伯特·怀特就提到过林

---

① 斑鹟（*Muscicapa striata*）和斑姬鹟（*Ficedula hypoleuca*）虽都是鹟科鸟类，但并非同一属的物种，因此作者在这里举的例子似乎不是非常恰当。——译者注

岩鹨（当时还叫篱雀）是大杜鹃的寄主之一。我们还能进一步地
往前追溯至莎士比亚的《李尔王》（*King Lear*），在这部创作于
1605 年的戏剧里面，弄臣警告李尔王，称他如果继续溺爱自私的
女儿们，就将被她们毁掉，就像：

> 篱雀喂养大杜鹃已久，
>
> 自作自受地让大杜鹃啄掉了自己的头。

莎士比亚有意地做出这样的隐喻，但是真的发生过义亲头被
啄掉的事吗？大杜鹃雏鸟正常情况下会在递食结束之后才开始吞
咽，这样可以避免伤害到将身体探入其口裂中的义亲。但这一通
常会顺利进行的流程也出现过意外：一只雏鸟太快地闭嘴而夹住
了它无助的林岩鹨义亲，后者也不幸受了致命伤。

在约 1382 年乔叟（Chaucer）所作的诗《百鸟会议》（*The
Parlement of Foules*）当中，甚至能找到有关林岩鹨和大杜鹃更为
古老的内容。灰背隼斥责大杜鹃道：

> 你杀了那枝头上的篱雀（heysugge），她曾把你拉扯大！

heysugge 在中世纪英语里面就是指"篱雀"，可能正是我们今
天所说的林岩鹨。

如果英国的林岩鹨已经被大杜鹃至少寄生了 600 年的时间，
我们就能期望它现在已经演化出排斥寄生卵的行为了吗？答案是：

这取决于大杜鹃的寄生率。寄生率才是决定排斥寄生卵的行为具有多大收益的关键。在过去70年里，数以千计的观鸟者参与完成了由英国鸟类学基金会（British Trust for Ornithology，BTO）组织的繁殖记录卡片项目。我们如今对大杜鹃的寄生率有较好的了解，很大程度上是因为这些人的无私努力。1939至1982年间，在最近的大杜鹃种群数量大幅下降发生之前，英国境内该种对三个主要寄主种类的寄生率如下：

芦苇莺5%（总计6927巢），草地鹨3%（总计5331巢），林岩鹨2%（总计23352巢）。

上面的数据显示，林岩鹨承受着跟芦苇莺和草地鹨相近的大杜鹃寄生率，而后两者都已演化出了排斥寄生卵的行为。那么，林岩鹨也应该会排斥大杜鹃卵。

我们可以计算出一个林岩鹨种群在目前仅有2%的寄生率下，还需要多久演化出排斥行为。答案是几千个世代。原因在于仍有98%的林岩鹨巢还没有被寄生，所以在绝大多数情况下缺乏识别不一样卵的能力无伤大雅。只有2%的林岩鹨巢在排斥寄生卵的时候可能从中获益。就演化的时间尺度而言，几千个世代不过是一眨眼的工夫，而我们在大杜鹃－寄主系统中所观察到的许多特质至少需要这么长的时间才能演化出来。尽管如此，我们的乡间已经在过去的几千年中发生了巨大的变化。数千年前，英国的多数地区都被森林覆盖，林岩鹨在那样的生境当中并不常见。可能是在 6500 至 2500 年前随着人们对林地的广泛砍伐，创造出林岩鹨所偏好的大量的林缘和树篱环境之后，它们才成了大杜鹃喜好的寄主。因此，林岩鹨有可能确实是大杜鹃相对较新的寄主，还没来得及演化出对巢寄生的防御机制。

我们从运用模型卵扮演大杜鹃当中学到了什么呢？所获取的实验结果使我们能够重建大杜鹃和寄主围绕卵展开的"军备竞赛"可能的各个阶段。

1. 在"军备竞赛"之初，寄主接受缺乏拟态的寄生卵。而那些不适宜的寄主种类，由于没有被大杜鹃寄生的历史，不会表现出排斥卵的行为。此时，大杜鹃的卵也没有对寄主的拟态。正如寄生林岩鹨的大杜鹃所示，因为没有来自寄主排斥的压力，它们也没有必要产生拟态的卵。

2. 一旦大杜鹃开始寄生某个寄主种类，那些会排斥寄生卵的寄主将能养育更多自己的骨肉，而那些接受寄生卵的寄主则会因养育杜鹃雏鸟而受到拖累。如果后代继承了父母的行为，那么，通过自然选择，会排斥寄生卵的寄主种群将扩大。因此，作为对大杜鹃巢寄生的响应，寄主演化出了排斥卵的行为。

3. 当寄主开始排斥拟态不好的寄生卵，那些碰巧跟寄主卵相

近的大杜鹃卵将更有可能逃过一劫，被义亲抚养长大。如果大杜鹃女儿遗传了其母亲产卵的类型，那么，通过自然选择，对寄主卵拟态更好的大杜鹃种群数量将会增加。因此，随着寄主演化出了对寄生卵的排斥，大杜鹃也演化出了对寄主卵的拟态。

4. 当寄主演化出对卵的更好的识别能力时，大杜鹃则演化出了相应的拟态更好的卵。寄主识别卵的本领越高，大杜鹃卵的拟态就越逼真。

所以，双方你来我往地针锋相对，就形成了一个协同演化的例证。

但是，大杜鹃卵的拟态和寄主对于寄生卵的排斥只是这场"军备竞赛"里的一部分。自然选择还有另一个关于鸟卵标记的游戏，它涉及鉴章和伪造。我们的野外实验才刚刚开了个头。

第 7 章

真与假

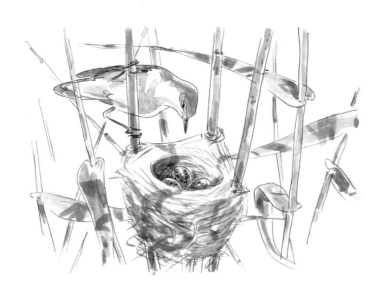

◎ 2014 年 6 月 22 日，威肯草甸沼泽，一只芦苇莺雌
鸟正注视着自己的巢。

1938 年 6 月 8 日，查尔斯·斯温纳顿（Charles Swynnerton）驾驶的三座私人飞机在坦噶尼喀地区（今天的坦桑尼亚）失事，他也不幸罹难，享年 60 岁。他是在去达累斯萨拉姆接受圣米迦勒及圣乔治爵级司令勋章（Commander of the Order of St Michael and St George）的路上遭遇了不测——他在采采蝇防控上的先驱工作为自己赢得了这枚勋章。采采蝇是一种大型吸血昆虫，在热带非洲的大部分地区会将由锥体虫引起的昏睡病传染给人和动物。

斯温纳顿出生在萨福克郡的洛斯托夫特，20 岁时前往非洲。他最初在南罗德西亚（今天的津巴布韦）管理一家农场，在被任命为采采蝇研究的主管之前，他成了坦噶尼喀的首位狩猎监督官员。斯温纳顿是一位优秀的博物学家，他在游历非洲的时候为大英博物馆[①]采集了许多标本。他对非洲的杜鹃类尤其感兴趣，认

[①] 伦敦自然博物馆最初于 1881 年 4 月 18 日正式对公众开放，自那以后一直隶属大英博物馆，为该馆的自然历史部。英国国会于 1963 年通过了《1963 年大英博物馆法案》，正式确立伦敦自然博物馆（Natural History Museum）为独立机构。作者所称的大英博物馆（British Museum），实际指的就是伦敦自然博物馆。——译者注

为它们与寄主之间的互动为"观察正在进行中的自然选择"提供
了机会。

1918 年，他在鸟类学期刊《鹮》（The Ibis）[1]上发表了一篇论
文，报道了自己的实验结果：许多非洲雀形目鸟类会排斥其他种
类的卵。他由此赞同斯图尔特·贝克在 1913 年的发现，认为："养
父母的选择可能促使寄生性杜鹃的卵跟其寄主的卵相似。"斯温纳
顿随后提出了一个原创性的精彩论断：

> 遭寄生侵害最严重的寄主，其对于卵的识别能力会增长，接
> 下来……寄生者在产卵时会形成拟态。我怀疑情况是否总会如
> 此，因为当杜鹃卵跟寄主卵已经变得难以分辨时，寄主发生的变
> 异仍然能够为识别杜鹃卵提供一些办法。甚至可以想象，或许在
> 寄主卵和杜鹃卵之间已经又发生了一场较量。有时可能会导致卵
> 的高度独特性。在其他情况下，高度的变异性就会让杜鹃无所适
> 从……经过漫长的岁月，寄生性鸟类也由此在很大程度上促使今
> 天雀形目的卵色产生了极具特色的多样性。

在斯温纳顿之前，人们认为鸟卵颜色和斑纹的作用不过就是
一种伪装。现在则有了一种完全不同的全新观点，即颜色和斑纹

---

[1]《鹮》是英国鸟类学会的会刊。该学会成立于 1858 年，是世界上历史最为
悠久的鸟类学会组织。而创刊于 1859 年的《鹮》也是世界上最早出版发
行的科学期刊之一，每年出版四期。《鹮》开设有微博账号（@英国鸟类
学会会刊），旨在分享最新的鸟类研究进展和动态。——译者注

是作为保护寄主免遭大杜鹃寄生的记号演化而来。圆斑和潦草的花纹可能就是寄主在自己卵上做的签名："这才是我的卵。"大杜鹃因此必须去伪造寄主的记号，在寄生卵上注明："这也是你的。"这样的演化"军备竞赛"才会使寄主演化出新的记号来躲过大杜鹃寄生，而大杜鹃则演化出新的赝品来模仿寄主。

这正是对人类社会中银行家和伪钞制造者之间较量的精准类比，这种较量就是我们所使用的纸钞和信用卡上面复杂图案的由来。伪币跟真钞的历史几乎一样长，大约2500年前，当钱币被引入西方世界的时候，伪造的仿品也就已经在流通了。伪钞的存在对钱币和纸钞的设计产生了深远影响。以英格兰银行发行的10英镑纸钞为例，它共采用了八项防伪措施。它的正面是伊丽莎白女王二世的头像，背面则是查尔斯·达尔文的头像，女王的皇冠和达尔文的胡须都有着精致的细节。同时，纸钞表面还有以细线构成的其他复杂图案，并采用特殊纸张凸版制作，保证了独特的手感。[①]内部还埋入了一根金属线，对着光观察会呈现出一条暗线。纸钞正中偏下部设有水印，是女王的另一个头像。在紫外光下，有个数字10会呈红色和绿色。最后，纸钞正面有一块箔片，上面有一个全息图，来回倾斜纸钞的话，可以看到图上交替出现的不

---

① 英格兰银行从2017年9月14日起发行了新版10英镑钞票，背面头像由达尔文换为著名作家简·奥斯丁（Jane Austen，1775—1817），材质也从纸改为塑料。——译者注

列颠女神像和数字 10。

即便有如此繁复的防伪设置，伪钞有时依然会泛滥，所以每隔几年英格兰银行就要做出些改变。从 1999 年开始，20 英镑上采用了作曲家爱德华·埃尔加（Edward Elgar）的头像，但由于市面上的伪钞实在太多，到了 2010 年不得不替换为使用经济学家亚当·斯密（Adam Smith）头像的新版纸钞。[①] 银行对于使用英镑的安全提示如下："花时间检查、观察和感受纸钞的质感，不要仅仅信赖一个防伪特征。如果感到不对劲，请用已确认的真钞进行比对。"

大杜鹃和寄主的卵会带有过往演化历程里与记号和仿作有关的印记吗？让我们首先来看看鸟卵是如何获得花纹的吧。我们需要跟踪发生在雌鸟输卵管内从排卵到产卵的一系列事件，通常这一过程都发生在 24 小时之内。单个的卵细胞先从卵巢中释放出来，然后在输卵管的前端与精子结合。受精卵在沿着输卵管下移的过程中，会被包上蛋清，也就是我们在煮鸡蛋里见到的蛋白。蛋清的外面还会再裹上一层具有保护功能的卵膜。排卵后的 4 小

---

① 英格兰银行已于 2020 年 2 月 20 日起正式发行新版 20 英镑，背面头像由亚当·斯密（1723—1790）换为画家威廉·特纳（William Turner，1775—1851），是历史上首次出现在英镑上的艺术家，材质也从纸改为了塑料。——译者注

时，受精卵来到输卵管的底部，这是一个袋状的膨大部分，被称为卵壳腺。接下来的 20 个小时，受精卵都待在卵壳腺内。卵壳腺首先产生富含钙的硬质外卵壳，接下来在产卵前的 4 小时内，与卵底色和图案有关的色素会被分泌到外卵壳上面。

所涉及的两类主要色素是原卟啉和胆绿素，前者使卵壳呈现褐色，后者则让卵壳显蓝色和绿色。[①] 纽约城市大学的马克·豪伯（Mark Hauber）和同事对大杜鹃及其寄主的卵进行了化学分析，他们发现，大杜鹃不同族群的卵及其各自寄主的卵在这两类主要色素的浓度上也存在着相匹配的对应关系。比如，专性寄生大苇莺而产褐色和绿色卵的大杜鹃，其卵壳内含原卟啉的浓度较高。专性寄生红尾鸲而产纯蓝色卵的大杜鹃，其卵壳内就含有很高浓度的胆绿素。

我们现在还不能确切地知道卵壳上多种多样的图案是如何产生的。这看起来似乎跟卵通过卵壳腺时的速度和转动速度有关。比如，较缓慢地通过卵壳腺能够给色素更多的作用时间，可能就会产生斑点；而较快地通过可能会产生纵纹，通过卵的转动则形成更为潦草的纹路。卵最后就进入输卵管的末端，产卵时其钝端

---

① 2020 年发表的一项研究从斑拟鹑（*Nothura maculosa*）紫棕色的卵壳里提取、鉴定出了三吡咯尿红素（tripyrrolic uroerythrin），从凤头鹑（*Eudromia elegans*）鳄梨酱绿色的卵壳中得到了四磷酸胆红素（tetrapyrrolic bilirubin），从而发现了跟卵色相关的两种新色素。——译者注

最先出来。卵色和图案的遗传差异可能源于基因影响各种色素生成的方式及卵通过卵壳腺的方式。

　　如果寄主卵的图案能够促进其对于大杜鹃卵的识别，我们该期待寄主卵如何演化呢？最明显的一个预测是，大杜鹃寄主种类雌鸟卵花纹的变化，要大于那些没被杜鹃寄生过的种类雌鸟的卵。如果每只雌鸟的卵都有自己独特的记号，这将使它更容易识别出陌生的卵，就像我们用自己独一无二的签名来表明身份或者标识财物一样。寄主种群中不同雌鸟卵之间的花纹差异越大，大杜鹃就越难跟上节奏，因为将不存在一个普适性的拟态去愚弄所有的寄主。

　　挪威特隆赫姆大学的博德·斯托克和同事研究了博物馆收藏标本中许多鸟类卵图案的变异程度，他们发现欧洲大杜鹃寄主种类的卵确实更为多样。此外，有着更多样卵色的寄主也的确能更好地排斥陌生卵。这说明，为了抵御大杜鹃的巢寄生，寄主确实演化出了多样化的卵色及图案。

　　芦苇莺和草地鹨在卵的花纹上都有着个体性的差异，这肯定有助于它们识别自己的卵。但是跟非洲的一些杜鹃寄主的卵相比，芦苇莺和草地鹨卵上的记号就小巫见大巫了。在非洲，演化"军备竞赛"的历程似乎更为久远，或许我们也就不奇怪斯温纳顿是

从对非洲鸟卵的研究得出了他的洞见。最具特色记号奖非褐胁山鹪莺莫属。这是一种生活在非洲的莺类，其卵具有多样的颜色和图案。这种褐色的小鸟是寄生织雀最喜好的寄主之一。顾名思义，寄生织雀有着跟大杜鹃相似的习性，将自己的卵产在其他鸟类的巢里。跟大杜鹃一样，寄生织雀也演化出了不同的族群，各自对应特定的寄主种类。寄生织雀的雏鸟并不会排挤掉寄主的卵，但体型比寄主自己的雏鸟要大，因此在竞争食物上很快就压制住了寄主雏鸟，使其在一两天内饿死。所以，最终结果跟大杜鹃寄主所面临的一样，如果褐胁山鹪莺没能发现寄生卵，它只会去养育寄生织雀的雏鸟，而自己将一无所获。

正如埃德加·钱斯为大杜鹃及其寄主的现代研究奠定了基础，关于褐胁山鹪莺卵上记号令人惊叹的故事也始于鸟卵标本收藏。约翰·科尔布鲁克－罗布金特少校（Major John Colebrook-Robjent）于 1935 年出生在英格兰，自孩提时代他就激发出了对于鸟卵收藏的热情。在他的军旅生涯中，他曾在乌干达服役于国王非洲步枪营（King's African Rifles），伊迪·阿明（Idi Amin）[1] 当时还是该部队的军士长。1966 年，约翰被派驻到赞比亚，并于几年之后从军队退役。他在赞比亚南部的乔马开始种植烟草，此后一直到 2008

---

[1] 伊迪·阿明在乌干达独立后成为陆军总司令，并于 1971 年 1 月发动军事政变，夺取了政权。他对乌干达进行了血腥的独裁统治，直至 1979 年 4 月在跟坦桑尼亚的战争中失利，逃亡利比亚。——译者注

年去世时都生活在那里。他给在自己农场干活的工人支付额外的薪水，请他们去寻找鸟巢和收集鸟卵，以此积累起了一笔包括近14000窝卵的巨大私人收藏。这些被仔细附有收藏标签和详尽记录的鸟卵标本现在都已捐赠给了大英博物馆。

2004 年 5 月，当时还是剑桥大学动物学系博士研究生的克莱尔·斯波蒂斯伍德从自己在南非开普敦的家驱车前往赞比亚的乔马。她开着自己的旧皮卡车风尘仆仆地用了三天时间，才完成了这段 2700 千米的旅行。此前她听说了有关约翰少校令人惊叹的鸟卵标本传闻，于是就给少校写信，询问能否前去拜访，并且讨论一同开展非洲巢寄生鸟类研究的可能性。寄生织雀是她特别感兴趣的种类，也是当时人们最不了解的一种巢寄生鸟类。一旦确定了克莱尔并不是一名要来检举自己非法收集鸟卵的探员，少校就对其来访表示欢迎。事实上，至少他的有些标本是有许可证的。早些年间，他在跟一位英国鸟卵收藏家通信时被赞比亚有关部门起诉过。但乔马地方法庭的一位法官庄严地宣称，少校不仅是无辜的，而且作为一名"鸟类学教授"，他所做的工作将极大地有益于赞比亚。最终，约翰少校被判无罪。

克莱尔为少校藏品的美所折服。作为一名年轻的生物学家，她想弄明白这些美丽的鸟卵是如何演化而来的。于是，她跟已经垂垂老矣、不乏陈年做派的少校开始了一段不同寻常的合作。少校的收藏当中包含了158窝褐胁山鹪莺，全部采集自他的农场及

附近区域。根据寄生织雀的卵稍大一些且更圆，少校发现其中有30窝里面有寄生织雀的卵。人们很少能观察到寄生织雀的成鸟，但是少校的收藏表明它们的数量并不少，只是跟杜鹃一样行踪诡秘而已。

少校工整的手写日记显示了他细致的记录，以及对收藏标本卵色变化的着迷。下面这些从他1988年的日记内摘录的内容全部是关于褐胁山鹪莺的：

1月3日，弗雷德一世（Fred I），一个小男孩，找到一巢有4枚卵，卵为蓝色。

1月6日，摩西（Moses），一个小男孩，找到一巢有3枚卵，卵为白色；利瓦伊（Levi）找到一巢有3枚卵，卵为橄榄褐色。

1月7日，邓恩（Dunne），我的一名年轻工人，找到一巢有3枚卵，卵为浅橙红色。

1月17日，我的耐心终于有了回报，弗雷德一世带回一个巢，内有2枚卵，其中一枚是寄生织雀的，为红色，寄主的卵则是橄榄黄色。

2月7日，拉扎罗（Lazaro）找到一个巢，内有1枚卵，他正确地认出了那是枚寄生织雀的卵，乳白色且带有红褐色的斑点。

12月14日，前去利文斯顿。要找一名新的辩护律师代表我在乔马出庭。

12 月 22 日，法庭里来了很多人 …… 卡利马先生（Mr Kalima）认为我的收藏对鸟类学研究很有意义 …… 我被无条件释放 …… 所有的鸟卵标本都归还给了我 …… 三个半月的痛苦经历之后，这是一个最令人欣慰的结果 …… 但浪费了宝贵的鸟类学研究时机。

12 月 25 日，在家过圣诞节，做了一只 8.5 千克的火鸡作为下午 4 点的午餐。

12 月 30 日，利瓦伊找到一巢有 2 枚卵，卵为白色；弗雷德一世找到一巢有 3 枚卵，卵为浅蓝色。

少校知道褐胁山鹪莺的每只雌鸟总是产同样类型的卵，因为每次当一窝卵被取走之后，同一领域内会再出现的一窝卵，无论卵色还是图案都跟头一窝完全相同。然而，在不同的雌鸟之间却有着惊人的差异。卵色从白到红，再从橄榄色到蓝色都有，而且深浅不一。卵上面的图案同样变化很大，从精致的圆斑，到粗大的斑点，再到错落的乱线。有的雌鸟的卵主要只有一种类型的纹路，而有的则会有多变的花纹。最后，卵上纹路的分布也是多变的，有的均匀分布在整枚卵表面，有的则会集中在钝端。

克莱尔还邀请了鸟类视觉方面的专家，其剑桥大学的同事马丁·史蒂文斯参与进来，两人对这些多变的颜色和图案进行了量化。首先，他们运用一台光谱仪测量了全光谱波段下鸟眼所能看

到的颜色。随后，他们测量了卵上花纹的大小，以及花纹是怎样分布于卵表面的。当他们再检验记号的四个要素（底色、花纹类型、花纹变化及分布）时，发现四个要素彼此之间都是独立变化的。而演化将尽可能地提高记号的多样性，这正是我们所期望的。

褐胁山鹪莺会利用自己个体化的记号去识别陌生的卵吗？遵照少校所开始的传统，克莱尔也花钱请当地农场的工人去找巢，但是这一次他们不仅被严格要求不能再采集卵，而且要保证巢完好无损。褐胁山鹪莺在低矮植被的叶子之间筑巢，跟芦苇莺一样，它们的巢也堪称艺术品。它首先在两片相邻的叶子上戳出一系列的洞来，然后再用像针一样的喙，把两片叶子的边缘用细草丝缝起来形成一个"摇篮"。如此这般，最后会成一个悬空的用草编织的松散椭圆形巢，侧面开口。仔细聆听褐胁山鹪莺发出的告警声，逐渐确认它们的领域，然后在领域内耐心地等着观察亲鸟飞回巢，就能确定巢的位置了。参与找巢的当地朋友年龄跨度从十岁到八十岁，最厉害的是由五位小男生组成的一组，他们每天放学后走七千米回家，一路上都在仔细地找巢。

为了检验褐胁山鹪莺是否会排斥陌生的卵，克莱尔用来自一只雌鸟的一枚卵去替换另一窝里面的一枚。实验表明，许多被放入的卵马上会被排斥掉，主人会用喙戳破陌生卵，然后衔着它扔出巢。通过比较被排斥的卵和被接受的卵的特征，克莱尔和马丁发现，卵记号的四大要素都会受到寄主的关注。在任何一个方面与寄主卵存在显著差异，就足以导致其被排斥，而且褐胁山鹪莺还会整合从四个要素上获得的信息，即便是不同方面稍小一些的差异仍然会引发排斥行为。

很明显，寄生织雀只有具备非同寻常的拟态才能骗过褐胁山鹪莺这样的寄主。因此，从少校的鸟卵收藏当中会发现，专性寄生褐胁山鹪莺的寄生织雀族群的卵，对其寄主的卵有着几乎完美的拟态，在记号四要素的变化范围以内跟寄主的卵都有很好的对应。而且在鸟眼所感知的全光谱波段下，寄生卵也同样拟态了寄主卵的各项特征。显然，在理想情况下寄生织雀雌鸟应当专注于与自己的诈术完美匹配的那些褐胁山鹪莺。但是，克莱尔和马丁却发现，寄生织雀雌鸟随意地在具有各种类型卵的寄主巢里产卵，结果导致很多寄生卵都被排斥了。只有当寄生卵碰巧产到了其所拟态的寄主巢内时，寄生织雀才能真正成功地欺骗寄主。所以，褐胁山鹪莺卵上面花样繁多的记号是对抗巢寄生的精彩而有效的防御手段。

如今这种记号和赝品之间的"军备竞赛"仍在继续吗？通过比较少校在过去40年间所收集到的鸟卵标本，很显然，褐胁山鹪莺和寄生织雀卵的颜色和图案一直在发生变化，哪怕在相对较短的时间尺度内也是如此。就某些测量值，尤其是颜色方面的测量值而言，寄生织雀和褐胁山鹪莺的变化是一致的。换句话说，寄生织雀对同时期的寄主有着更好的拟态。这表明，随着时间的推

移，寄生者的新拟态跟寄主的新记号如影随形。然而，这种亦步亦趋也并非完美无缺。例如，褐胁山鹪莺有一种橄榄绿底色的卵比较少见，寄生织雀中也尚未出现对这种卵的拟态。在过去40年里，产这种橄榄绿底色卵的山鹪莺雌鸟开始变得越来越多，或许正是由于它们能更好地识别寄生卵，进而养育更多自己的后代。可以想见，橄榄绿底色的卵还会继续在褐胁山鹪莺种群内扩散，直到寄生织雀演化出拟态这种卵色的寄生卵。由于寄生者对寄主记号的拟态是一个永无止境的演化过程，用我们现在的数码摄影技术而不是过去的鸟卵采集方式来持续地关注这些拟态在未来的变化将会非常有趣。

如果一个寄主能摆脱被寄生的命运，其卵上的记号会发生什么变化呢？最理想的实验是将大杜鹃的某个寄主种类的一些个体捕捉后释放到某个没有大杜鹃的小岛上。我们需要一个被释放个体无法扩散离开的岛，这样就能研究它们的后代随时间推移而发生的变化。我们可以预测，随着巢寄生压力的消除，寄主卵上独特的记号将会逐渐减少，因为再也用不上了。

尽管不太体面，令人惊讶的是这样的实验还真有人做过。在非洲，黑头织雀是白眉金鹃所喜好的寄主种类。白眉金鹃有紫翅椋鸟那么大，其雄鸟上体为美丽的金属绿色，下体白色，眼睛

莱肯希思草甸沼泽上空，两只打斗中的大杜鹃雄鸟。雄鸟会在雌鸟之前一两周抵达繁殖地，在它们的寄主很有可能筑巢繁殖的地方建立起领域。

威肯草甸沼泽，正在飞行的大杜鹃雄鸟。长而尖的两翼，长的尾羽和胸腹部的横纹，使它看起来像是一只猛禽。

春天的使者。只有大杜鹃雄鸟会发出"布谷"的叫声。它将喙张开的时候发出"布"，闭上的时候则发出"谷"的音。上翘的尾部和下垂的两翼是鸣叫时雄鸟的标志性动作。

雌鸟习性更加隐匿，并且有理由如此行事。如果寄主警觉到大杜鹃雌鸟在自己巢附近，它们更有可能排斥掉大杜鹃的卵。雌鸟有两个色型：灰色（左）和棕色（右），这也增加了它们被寄主认出来的难度。

一只大杜鹃雌鸟在芦苇莺巢内产卵，后者是沼泽里大杜鹃喜好的寄主。它首先移除掉一枚寄主的卵，在喙间还衔着这枚寄主卵的时候，就直接在寄主巢里产卵了。

大杜鹃的卵（居中靠左的那枚）稍大于芦苇莺的卵，但在卵色和花纹上有很好的拟态。

有时候寄主会像这只芦苇莺一样，通过用喙穿透大杜鹃卵的卵壳而将其移除自己的巢。

一只全身赤裸且两眼尚未睁开的大杜鹃雏鸟，将芦苇莺的卵扛在背上，一枚一枚的推出巢去。

同一个巢内一只较早孵化出来的芦苇莺雏鸟也遭此不幸。

一只芦苇莺饲喂一巢四只 9 天大的雏鸟。

一只芦苇莺饲喂一只 9 天大的大杜鹃雏鸟。
一只大杜鹃雏鸟对食物的需求跟一整窝的芦
苇莺雏鸟相同。

一只芦苇莺饲喂一只 17 天的大杜鹃雏鸟。雏鸟两天之后离巢了。

日本的一只霍氏中杜鹃雏鸟，正在展示它翅上的一块黄色区域，它将这块区域靠近自己的嘴，看起来就像是有另一张乞食的嘴。这种花招会使得寄主白腹蓝鹟将更多的食物带回巢。

草地鹨是高泽地环境里大杜鹃喜好的一种寄主，正在饲喂一只大杜鹃幼鸟。幼鸟此时的体重已经是其义亲的六倍了。

一只草地鹨在袭扰一只大杜鹃雄鸟，这一情景跟它愿意去饲喂一只相似大小的大杜鹃雏鸟形成了鲜明的对比。

草地鹨巢中的大杜鹃卵（左上角）。这个大杜鹃族群产棕色的卵，拟态草地鹨的卵。

林岩鹨巢内的一枚大杜鹃卵（上方）。林岩鹨是英国林地环境里大杜鹃喜好的一种寄主，它会接受跟自己卵差异大的寄生卵，因此寄生该种的大杜鹃族群没有必要演化出拟态的卵。

与林岩鹨相反，芬兰的红尾鸲是另一种产蓝色卵的寄主，由于它会排斥跟自己卵不一样的寄生卵，因此寄生它们的大杜鹃族群演化出了拟态的卵（右上角）。

外圈显示了赞比亚的褐胁山鹪莺卵色（一种非洲的莺类）的多样性。这些卵具有不同的颜色和花纹，构成了一种信号使得每只雌鸟都可以识别自己的卵。寄生织雀演化出了一系列对应的拟态卵（内圈）。图中的每一枚卵都来自不同的雌鸟。

红色而醒目，会发出持续的"dee-dee-deedereek"叫声。18 世纪时，跨越大西洋的奴隶贸易达到了顶峰，商船将奴隶从西非贩卖到西印度群岛的甘蔗种植园当苦力。这些贩奴船经常也会运送从非洲捕获的鸟。在伊斯帕尼奥拉岛上，来自法国的妇女喜欢戴用鸟羽装饰的帽子，并且提着装有鸟的笼子在城里四处溜达，这在当时堪称是一种时尚。1797 年，梅代里克·路易斯·厄里亚·莫罗德·圣·梅里（Médéric Louis Élie Moreau de Saint-Méry）就曾记载：

> 我曾多次欣赏过 200 多只不同种类的鸟儿，全都来自塞内加尔。它们体型不大，有着非常美丽的羽饰，上面是浓淡相宜的生动色彩。

黑头织雀肯定对渡过大西洋的漫长航程和人工圈养环境都有着很好的适应，或许是因为在非洲时它们就已经习惯在民居周围取食残羹冷炙。据记载，一位住在太子港、名叫塞加的女士（Madame Sagá）就以养了很多黑头织雀而出名。至今，在伊斯帕尼奥拉岛人们用西班牙语 Madam Sagá，或者法语 Madame Sara 来称呼黑头织雀，都是拜当年的这位女士所赐。不可避免地，圈养过程中有些黑头织雀就逃逸到了该岛的野外。它们在新家落地生根，很快就扩散开来，但跟在非洲老家一样还是集群营巢繁殖，最多的时候每棵树上会有 150 个巢。不过在伊斯帕尼奥拉岛上，它们的生活有了一个重大的改变：这里完全没有寄生性的杜鹃。

跨越大西洋的旅程使这些织雀免遭杜鹃的"奴役",而跟它们一起漂洋过海的人类却成了奴隶制的受害者。这实在是一个残酷的讽刺。

在非洲的时候,由于那些拟态不完美的寄生卵很容易遭到黑头织雀的排斥,所以白眉金鹃对它们很难寄生成功。就像褐胁山鹪莺一样,黑头织雀卵上面复杂多变的记号增强了它们对陌生卵的识别能力。黑头织雀的雌鸟一生中产固定类型的卵,但不同雌鸟之间卵的图案会有差异。卵色从白色到天蓝色,再到翠绿色都有,并且可以是纯色或带有斑点。通过实验将巢中一枚黑头织雀的卵替换为另一只雌鸟的,研究人员将发现,作为巢主人的雌鸟会很快将与自己的卵底色或花纹不同的卵排斥掉。一般在实验过后的一天内,有时甚至几分钟里,雌鸟就将陌生卵啄破后衔出自己的巢。

伊斯帕尼奥拉岛上的黑头织雀至今已在没有寄生性杜鹃打扰的情况下生活了约200年,相当于经历了100个世代。既然已经不再面临杜鹃的威胁,它们卵上的记号会变得没那么特别了吗?纽约城市大学的戴维·拉赫蒂(David Lahti)于2001年来到该岛,他利用光谱仪测量了超过150窝黑头织雀卵的卵色,评估它们在鸟眼可见的所有波长下的反射率。他还仔细测量了卵上的图案,包括斑点的大小、密度及分布。随后,戴维将这些数据跟他两年前在西非测量的超过100窝黑头织雀卵进行了比较。

在大西洋两侧的黑头织雀种群里去收集上述数据无疑是个创举，织雀将巢筑在大树的细枝上面，离地经常有 10 米高。戴维在伊斯帕尼奥拉岛还可以使用长梯，但在西非冈比亚的偏远地区他却不得不赤手空拳地爬树，有时则会借助绳索攀缘。他的行为总是能从当地村落吸引一大批好奇的围观群众，有些热心人在听说他对黑头织雀感兴趣之后太想帮把手了。有一次，戴维正在爬树的时候，一位站在树下的村民直接用步枪从同一棵树上射落了好几只织雀。出于同样的热心肠，另有一位村民在发现附近的树上有很多织雀巢时，直接就把树砍到了。即便爬上树接近了巢，还存在着另一种潜在危险。黑头织雀用树叶丝编织而成的巢呈肾形，有一个向下的开口。从巢口伸手进去探摸鸟卵的时候，戴维很快意识到，这样的巢同时也是蛇喜欢的休息场所。大多数情况下遇到的都是捕食鸟卵的无毒蛇，但有一次他把手伸进一个巢，在摸到鳞片后很快就将手抽出。说时迟那时快，一只非洲树蛇跟着就从巢里探出头来。这可是非洲最致命的毒蛇之一啊。

戴维成功地躲过了种种危险，而且他的发现非常有趣。在没有了杜鹃巢寄生的威胁之后，伊斯帕尼奥拉岛上黑头织雀卵的记号确实变得没有那么独特了。它们卵色及图案的变化都不及非洲仍在遭受寄生的同类那么大了。此外，岛上雌鸟每窝卵内部的差异却增大了。因此，不仅个体之间卵的独特性差异在变小，雌鸟稳定复制自身卵特点的情况也在变弱。这最后一个发现尤为有意

思。人们可以争论说，岛上所引入种群的卵的变异程度小，是因为它们是由最初的少数个体繁衍而来，这些偶然出现的个体本身就不具备西非源种群那样完整的变异程度。这种现象被称为"奠基者效应"。然而，上述说法无法解释为什么每窝内卵的变异却增加了的现象，而这显然反映了记号一致性在演化上的丧失。

戴维·拉赫蒂随后检验了变弱的记号特征是否会降低伊斯帕尼奥拉岛上黑头织雀排斥陌生卵的能力。正如之前在西非所做的实验，他将其他个体的卵放入织雀的巢内。结果发现，当陌生卵跟自己的卵在颜色和图案上存在差异时，岛上的织雀同样有可能表现出排斥行为。但是，由于它们自身的卵已经不再跟其他个体的卵存在那么大的差异，所以对陌生卵总的排斥率要大大低于西非种群。因此，正是由于自身卵的记号特征在减弱，岛上织雀不再那么容易识别出陌生卵，从而导致了排斥行为的减少。

对另外一个黑头织雀种群的研究也得到了同样的结果，这些织雀于1886年被人从非洲南部有白眉金鹃分布的地方，引入毛里求斯这个没有杜鹃的印度洋岛屿。至2000年和2001年拉赫蒂开始研究它们的时候，毛里求斯岛的织雀与大陆上寄生性杜鹃隔离的时间稍短一些，只有115年（或者相当于约60个世代）。他再一次发现，岛上织雀卵的记号特征比非洲南部种群的要弱，它们对陌生卵的识别能力相应地也变差了。正如我们所预期的那样，比起伊斯帕尼奥拉岛上的织雀，毛里求斯岛的变化没有那么明显，因为它们所经历的演化时间相对更短。

为什么黑头织雀会如此迅速地就丧失了它们卵的记号特征呢？可能因为一旦没有了杜鹃巢寄生的威胁，这些记号非但不再具有优势，反而还有负面影响。鸟类或许会因为卵上的记号而承受两类成本。首先，很简单，产生这些记号会有消耗，就像银行制作纸钞上的复杂图案也要有花费一样。其次，通过新颖独特的颜色和图案来给卵加上记号，可能会使得寄主更容易去识别一枚杜鹃的卵，但也许会使卵因为显眼而不利于伪装，或者会降低面对其他威胁时的适应性。

戴维·拉赫蒂的研究还显示，黑头织雀的卵不仅受到来自杜鹃的威胁，太阳辐射也会对其造成伤害。在非洲日照更多的地区，该种的卵因为含有更多的胆绿素而呈现更深的蓝绿色，能够保护其内的胚胎免受紫外光及过热造成的损害。所以，浅的卵色和花纹尽管会增加记号的独特性，但也可能减弱卵抵御太阳光的能力。岛上的黑头织雀种群在没有杜鹃威胁的情况下，确实演化出了颜色更深、花纹更少的蓝绿色卵，恰好支持了上述观点。因此，每当寄主演化出记号作为对杜鹃寄生的防御时，它都可能要付出代价，因为这些记号会降低卵抵抗其他威胁的能力。

要是知道自己的记号假说取得了胜利，并且是从对非洲鸟类

的研究中获得的证据，查尔斯·斯温纳顿应当感到高兴。不过，我们仍有一个难题需要解决。黑头织雀与褐胁山鹪莺都是识别并排斥陌生卵的高手，但它们是怎么知道自己的卵长什么样的呢？

寄主们可以遵循的一个原则是不一致性，即"排斥那个长得不一样的"。然而，黑头织雀会从只有两枚卵的巢中将陌生卵排斥掉。而且如果在它的一枚卵之外，再加上两枚陌生卵，如此一来自己的卵反而成了长相独特的那枚，这时候黑头织雀仍然会排斥掉陌生卵。更令人称奇的是，就算没有自己的卵作为参照，它也能排斥掉一整窝的陌生卵。这些以及针对其他寄主种类的类似实验都说明，寄主知道自己的卵长什么样。

寄主最有可能是通过学习来认识自己卵的样子，涉及复杂记号的情况就更是如此。特拉维夫大学的阿尔农·洛特姆（Arnon Lotem）发现，寄主在产下自己的第一窝卵时就学会记住它们的样子，之后寄主会以第一窝卵作为参照标准来识别陌生的卵。洛特姆在大苇莺身上展开了精巧的实验，这是大杜鹃在欧亚大陆上喜好的一种寄主，其分布向东穿过整个亚洲直至日本。[1]大苇莺只有雌鸟参与孵卵，因此仅由雌鸟决定是否排斥陌生卵，这一点也使研究和分析得以简化。

---

[1] 分布于亚洲的应是东方大苇莺（*Acrocephalus orientalis*），过去曾被视为大苇莺（*A. arundinaceus*）的一个亚种，但近来基于分子遗传学证据的研究则支持将该种从大苇莺中独立出来。——译者注

　　实验内容包括在巢内放入一枚涂成纯棕色的模型卵，跟大苇莺自己浅绿色带斑点的卵差异很大。年长雌鸟之前有过繁殖经验，因此无论在哪一个阶段都会排斥模型卵，不管是在刚产一枚，还是产至满窝卵数（五枚）时都是如此。与之相反，首次繁殖的年轻雌鸟在产卵的早期倾向于接受一枚模型卵，但在达到满窝卵数之后则会排斥它。这一结果表明，寄主的学习发生在产第一窝卵期间，由于缺乏经验，年轻雌鸟误将早期放入的一枚棕色模型卵当成了自己的卵。

　　每天早起是这个实验的关键，待一只雌鸟产卵之后，马上依次将它的卵替换为棕色模型卵。如此一来，这只年轻的雌鸟就没有机会接触到自己的卵，反而对巢内的一窝棕色卵有了经验。这些雌鸟会接受棕色卵，显然将它们视若己出。然而，大多数年长雌鸟就不吃这一套，都会排斥掉棕色卵。这表明，它们通过上一次的繁殖已经记住了自己卵的样子。有趣的是，少数年长雌鸟会接受棕色卵，但此时如果往巢中再放入一枚它们自己的卵，就像是恍然大悟一般，它们会立刻排斥掉所有的棕色卵。

　　年轻的大苇莺雌鸟显然对自己的第一窝卵形成了印痕[①]。但

---

① 印痕（imprinting），在此指动物行为学上的一种学习模式。即动物个体在一段短暂而特定的敏感期内，由周围生命或非生命环境刺激下引发的行为改变。这样的行为初看起来似乎无师自通，实际上是经由学习和经验，通过关键性的刺激才能形成。在本书中，"印痕"有时作动词使用，有时作名词使用。——译者注

是，即便接受了整窝的棕色卵，它们也不会排斥随后放入的一枚
自己的绿色卵。一个可能的解释是，在被替换成模型卵之前，它
们其实跟自己的卵有过短暂却足够有效的接触。或者它们可能天
生就偏好去学习跟自己卵相似的类型，因此即便是在产卵的后期
也准备接受自己的卵。倾向于学习本物种的模式，在另一种情况下
表现得很明显，即鸣唱学习。在圈养实验条件下，年幼的鸟儿有时
会学习其他种类的鸣唱；但是如果有机会选择的话，它们还是倾向
于学习本物种的鸣唱。或许鸟类也有学习特定视觉模式的倾向吧。

这些关于鸟类如何学习自己的卵外观的发现，对于理解大杜
鹃和寄主之间的"军备竞赛"有着令人着迷的意义。如果只能通
过学习来了解自己卵的外观，那些印痕了错误卵类型的显然就会
倒大霉。这不仅发生在实验之中，也会出现在自然状态下。当大
杜鹃在一只首次繁殖的寄主产卵早期就在其巢中产下寄生卵的话，
天真的寄主将把大杜鹃卵的类型当成是自己的，那就注定了它的
余生都会接受这类寄生卵。

只印痕自己产下第一枚卵的样子，显然是避免上述可怕错误
的一个办法。这将保证在任何大杜鹃乘虚而入之前，寄主都有机
会学会自己的卵长什么样。如果寄主自己的卵不存在差异，那么
这办法就会非常奏效，因为第一枚卵就为自己其他的卵提供了标
准照。假如一只雌鸟的卵存在变异，那么它需要更长的学习以保
证能知道自己所有卵的样子。阿尔农·洛特姆认为，这也是为什

么大苇莺需要整窝卵来形成印痕，而不是仅有第一枚卵就够了。寄主最好的折中方案是延长学习的时间，直到接触了一系列自己的卵，但如果它运气不好，在这个阶段遭到寄生，就会对大杜鹃卵留下错误的印痕，并将为此付出代价。总而言之，寄主自己的卵变异越大，学习的时间越会延长，从而能降低被寄生的概率。这些观点需要用实验来验证。

寄主对大杜鹃卵的识别包含了两个阶段。截至目前，我们已经检验了第一个阶段，即寄主对陌生卵的辨认。它们通过学习自己卵的复杂记号，从而能够辨认出具有不同图案的陌生卵。实际上，它们正是采纳了银行对于客户的安全提示："花时间检查、观察和感受纸钞的质感，不要仅仅信赖一个防伪特征。如果感到不对劲，请用已确认的真钞进行比对。"

第二个阶段则是决定接受或排斥。想象一下，寄主注意到一枚卵跟自己学习过的存在细微差异，它要排斥这枚卵吗？这可能是一枚大杜鹃的卵，但也可能是一枚自己的，或许是还没有见过的罕有类型，又或者是被巢内衬给弄脏了。理智的寄主不仅要考虑一枚有寄生嫌疑的卵的外观，还应当思考被寄生了的可能性有多大。就像知道有贼人在逃的话，我们会更可能锁好门，看管好自己的财物一样，寄主也会根据对寄生风险的评估来调整自己排

斥陌生卵的尺度。

我们已经目睹了寄主对于排斥卵的行为保持慎重的证据。包括芦苇莺在内的一些寄主种类，如果在自己巢内见到大杜鹃，无论是活的大杜鹃还是实验用的剥制大杜鹃标本，都更有可能排斥陌生的卵。为什么寄主会以这种方式保持警觉呢？为什么不总是排斥陌生卵就好了？如果寄主有时确实会犯错，排斥掉自己的一枚卵，那这种谨慎就有了意义。或许只有当寄主有充分的理由相信一只大杜鹃已经在自己巢内产了卵，犯错的风险才有价值。

我们在威肯草甸沼泽的观察显示，芦苇莺在排斥卵的时候确实有犯错的风险。首先，它们会认错卵。当巢内有一枚拟态良好的陌生卵时，无论是真的大杜鹃卵还是我们放入的模型卵，芦苇莺有 70% 的正确率，但还有 30% 的犯错概率，以至于排斥掉自己的一枚卵，而不是大杜鹃卵。有力的证据表明，这就是识别错误，因为当放入巢内的模型卵跟寄主自己的卵差异很大的时候，芦苇莺就不会犯错。其他人的研究也显示，当大杜鹃卵高度拟态时，寄主会更有可能犯下识别错误。

其次，寄主有时会在没有被寄生的情况下也排斥掉自己的一枚卵。当寄主的识别机制不完善的时候，这些假警报也就不可避免。所以，寄主面临着一个难题。随着它们将嫌疑卵扔出巢去，在增加了除掉大杜鹃卵概率的同时，也难免遭受更多虚假警报而付出代价。

寄主该怎么办呢？很显然，它们应根据巢寄生的风险来调整对陌生卵的排斥。如果周围有很多大杜鹃在活动，被寄生的概率就会很高，寄主就应该更为挑剔，排斥掉哪怕只是有最轻微嫌疑的卵。因此，它们也会发出更多的虚假警报。但为了挽救自己的这窝卵不被寄生的大杜鹃雏鸟毁掉，付出一些代价也值得。从另一方面来说，如果附近没什么大杜鹃，就可以放轻松一些了。此时一枚不熟悉的卵更有可能是寄主自己的。因此，看到有一只大杜鹃在自己巢内，寄主就更有可能出现排斥卵的行为。这是再合理不过的了。如果被寄生的风险很高，寄主就更应该将可疑卵视为大杜鹃的寄生卵而不是它自己的。

寄主的生活真不容易！它们所采取的提高防御的每一步，都会遭遇大杜鹃更高明的骗术。作为对巢寄生的回应，寄主演化出了排斥卵的行为，而大杜鹃则演化出了拟态的卵。寄主随后演化出了更为复杂的卵上记号，但是大杜鹃相应地演化出了真假难辨的"赝品"。我们现在可以认为，除了面临着识别大杜鹃卵的问题，寄主还应注意观察大杜鹃成鸟的活动，根据巢寄生的风险来调整自己排斥卵的对策。这也难怪大杜鹃成鸟会在这个阶段试图挫败寄主了。它们通过隐匿的习性来部分地达到目的，但也还有其他的招数，即通过各种伪装来避免被寄主识破。

第 8 章

伪装专家

◎ 2014 年 6 月 9 日，威肯草甸沼泽，一只大杜鹃雌鸟藏在一棵白蜡树中，正注视着一对芦苇莺。它五天之后寄生了这个巢。

本章的英雄是两位最伟大的博物学探险家。1848 年 4 月 20 日，亨利·沃尔特·贝茨（Henry Walter Bates）和阿尔弗雷德·拉塞尔·华莱士一同乘坐"恶作剧"号（Mischief）从利物浦启航。五周之后，他们进入了亚马逊河的河口，正如贝茨在日记中所写，他们"平生第一次见识了一个热带国度的美丽"。跟查尔斯·达尔文不一样，贝茨和华莱士家境平平，要靠向大英博物馆和职业收藏家出售自己采集的标本来维持探险的开支。初到南美丛林里的那一年，贝茨和华莱士大部分时间都在一起。他们每天的日常活动是黎明时分起床，研究当地的鸟类和哺乳动物，吃过早餐之后将注意力转向昆虫直至下午，一天里最热的时候则寻阴凉处休息。到了晚上，两人既要整理、保存当天采集的标本，又要完成相关的文字记录。

华莱士 4 年之后的回国旅程简直就是一场灾难。他搭乘的船在航行至第 3 周时发生了火灾，不得不跟幸存的船员一起爬上救生艇，然后惊魂未定地看着弃船上的烈焰，宝贵的标本和野外笔记全都被付之一炬。10 天之后，华莱士等人被经过的另一艘船搭救；回到英国后，保险公司赔付了他的标本损失。18 个月之后，他令人钦佩地没有自怨自艾，动身前往马来群岛进行标本采集，再一次踏上了旅程。与此同时，贝茨在亚马逊一直待到了 1859 年，他在雨林中度过的漫长 11 年里采集到了超过 147000 件标本（主要是昆虫），其中有 8000 多件都是前人不曾发现过的新种。吸取了华莱士的惨痛教训，他将标本分放在 3 艘船上运回英国。

贝茨为热带地区昆虫的多样性所震撼，它们当中的许多跟没有生命的物体之间的相似性也同样令他惊叹。毛虫长得像树枝，蛾长得像树皮或枯叶，甲虫的鞘翅像露珠一样闪亮。他认为，这些精妙的伪装肯定能保护昆虫躲过天敌敏锐的眼睛。然而，并非所有的猎物都依靠躲藏来逃避天敌。有的会惊吓它们的敌人，例如有种天蛾的幼虫在受到惊扰时会将身体抬起并胀大，露出上面的两个大眼斑，看起来就像是条毒蛇。他将这种幼虫展示给当地的印第安村民看，他们都被吓了一跳。他还为另一个发现感到着迷：有些无毒的蝴蝶会跟有毒的蝴蝶一样有着鲜亮的颜色和慵懒的飞行姿态。这些拟态实在是太逼真了，就连他这样的昆虫专家都得用网捕捉标本、仔细检查之后，才能分辨出谁是被拟态者（有毒的蝴蝶），谁是拟态者（无毒的蝴蝶）。他认为，这是一种保护性拟态，意在欺骗捕食性鸟类。

回到英国 3 年后，贝茨于 1862 年在《林奈学会通讯》（*Transactions of the Linnean Society of London*）上发表了题为"亚马逊

河谷昆虫区系一则"（Contributions to an insect fauna of the Amazon valley）的论文，在这篇标题非常谦逊的文章中，他报道了自己所发现的拟态现象。其时，达尔文的《物种起源》出版不过才3年，贝茨认为，他所发现的无毒蝴蝶对有毒蝴蝶的拟态，"为自然选择学说提供了一个最为美妙的例证"。

达尔文看到之后感到很高兴，就给贝茨去信，称赞他的论文"是我一生中读过最卓尔不群的论文之一"。不过，他又补充道："但是，"

就这篇论文的题目，我要提出一个严肃的批评……你应该在题目当中就要引起人们对于拟态相似性的极大关注。你的论文实在太出色了，那些没有灵魂的博物学暴徒很大程度上是欣赏不了的，但是要相信，这篇论文将具有持久的价值。我向你的第一篇杰作表示诚挚的祝贺。

达尔文说得没错，没有防卫能力的物种（拟态者）去模拟具有此能力的物种（被拟态者）的现象普遍存在于自然界。为了纪念贝茨的惊人发现，这一现象就被称作贝氏拟态（Batesian mimicry）。

1858年2月，当贝茨还在亚马逊辛苦工作的时候，华莱士正躺在马来群岛特尔纳特岛①的吊床上高烧不止。在反复发烧

① 今印度尼西亚北马鲁古省首府所在地。——译者注

与退烧的间隙里，有关自然选择的想法像是一道闪电击中了他。华莱士写了篇短文阐述自己的理论，并随信寄给达尔文请他评议。这就是 1858 年 6 月 18 日送抵达尔文家邮箱的"那枚著名炮弹"，华莱士在文中提出了跟达尔文一样的自然演化学说，而后者已经对此研究了近 20 年。仅仅过了两周，1858 年 7 月 1 日，两人联名的论文在林奈学会上由他人代为宣读。第二年，达尔文匆忙之中终于出版了他伟大的著作 ——《物种起源》。对于达尔文获得了发现演化论的大部分荣誉这一点，华莱士从未抱怨过，他在给贝茨的信中写道："我永远没办法达到达尔文书中那样完整的论述。"1869 年，在《马来群岛自然考察记》(*The Malay Archipelago*) 一书的扉页上，华莱士写道："此书献给达尔文，我对他的才华和著作深表钦佩。"20 年之后，华莱士还慷慨地将自己关于自然选择的著作取名为"达尔文主义"(*Darwinism*)。

在《达尔文主义》当中，华莱士将好友贝茨的见解用到了解释大杜鹃的外观之上。他指出，许多寄生性的杜鹃种类看上去都很像猛禽，尤其是如雀鹰这样的鹰属 (*Accipiter*) 成员。它们在身形和大小上有着相似之处，都有修长的身体和长的两翼及尾。而且，它们还有着相近的羽饰图案，上体灰色或褐色，下体羽色较浅且带有横斑。同时，它们在飞行时既迅疾又直接。这些在身形、

羽饰和飞行上的相似使得古人认为，冬季在欧洲见不到杜鹃是因为此时它们已经变成鹰了。亚里士多德驳斥了这种观点，指出杜鹃类并没有鹰那样强健的脚爪和锋利的钩嘴。虽说如此，杜鹃和猛禽之间的这种相似之处足以让人类困惑不解。埃德加·钱斯在庞德·格林公地开展针对大杜鹃的先驱性研究时，那只他仔细追踪了五个繁殖季的"雌鸟A"有一次就差点儿被当地村民当成雀鹰给枪杀了，好在钱斯及时地出手阻止了。

杜鹃和鹰的亲缘关系并不接近，为什么它们会长得这么像呢？华莱士写道，杜鹃是"非常孱弱而没有防卫能力的一类鸟"。并且他认为，这种相似性是保护性拟态的一个例证，杜鹃通过长得像鹰类而减少了来自鹰类的攻击。他或许是对的，因为跟其他潜在猎物相比，就杜鹃类在自然界的相对数量来说，它们确实很少成为鹰的牺牲品。然而，下体带有横斑而似鹰的羽饰在寄生性杜鹃里面更为流行。这表明，这一特征可能会在某种程度上帮助杜鹃躲过寄主的防御。

在威肯草甸沼泽，芦苇莺每天都会遇到大杜鹃和雀鹰。它们会被两者的相似性愚弄吗？为了验证这点，贾斯廷·韦尔贝根（Justin Welbergen）和我在芦苇莺产卵期间，也是它们容易遭受巢寄生的时候，将剥制标本放到了巢边。我们发现，芦苇莺并不愿意靠近雀鹰的标本。它们通常迅速地过来看一眼，然后马上躲回到几米开外的芦苇中，一动不动且默不作声。它们的极度谨慎是有道理的，因为对于小型鸟类来说雀鹰就是危险的捕食者。雀鹰往往会发起突袭，在植被边缘或者沿着水道，从栖枝上跃起或者在飞行当中伸出它的长腿，用强健的利爪抓住任何毫无戒备的小鸟。它们能以令人惊讶的灵巧，翻身腾挪，穿过茂密的植被，冲过层层枝叶完成最后的致命一击。肯尼思·里士满（Kenneth Richmond）的描述抓到了捕猎时的肃杀气氛，他形容一只站在猎物上的雀鹰有着"疯狂而无情的怒视"。在特德·休斯（Ted Hughes）的一首诗中，雀鹰宣称，"我的方式就是把脑袋扯下来"。

大杜鹃则不同，它没法对成年小鸟造成伤害。尽管如此，有些巢的芦苇莺却将大杜鹃标本当成了雀鹰。它们不愿意接近标本，并且也把自己藏在芦苇里面。然而，另一些巢的芦苇莺则会立刻对标本发起攻击，用喙和双脚击打标本。它们一边兴奋地在周围跳来跳去，一边拍着上下喙发出响亮的刺耳叫声："skrr... skrr"。显然，有的芦苇莺繁殖对能够看出区别来。可是，为什么其他的会如此谨慎呢？

为了检验是否由于大杜鹃长得像雀鹰才让有的芦苇莺感到害怕，我们对大杜鹃标本的外观进行了修饰，改变了它跟雀鹰的相似性。我们在标本的腹部夹上一块丝巾，以打乱天然的横斑图案。这块丝巾要么是纯白色，夹上去之后就不再能看到标本上如鹰般的横斑，要么是用毡头笔画上了跟天然横斑一样粗细和间隔的色带，这就跟鹰的天然横斑一样了。结果发现，芦苇莺明显不愿意

接近和围攻带有横斑的标本。因此，雀鹰似的横斑确实起到了吓阻寄主的作用，有利于大杜鹃接近寄主巢。这种保护性拟态也算是一种"贝氏拟态"，因为成年大杜鹃对于来自寄主的攻击也没有什么抵抗。但是，不像具有拟态的无毒蝴蝶对捕食性鸟类那样，大杜鹃对寄主并非无害，它的拟态有助于成功地巢寄生。或许大杜鹃最好被描述为"披着狼皮的寄生者"。

我们的实验揭示了横斑在大杜鹃的鹰式伪装里的重要作用，但这并不像是该伪装唯一的要素。进一步的实验当中我们用同样的丝巾修饰了不同的标本，结果发现，比起带横斑的鸽子，芦苇莺还是更怕带横斑的大杜鹃。所以，在阻吓寄主方面，除了横斑，大杜鹃还有其他的鹰式伪装要素。并且即便把雀鹰标本的横斑遮住，还是会让芦苇莺感到害怕。因此，跟我们一样，鸟类也是综合运用多种特征来辨别敌友。

大杜鹃是利用了两种类型的拟态来尝试躲过寄主的防御。首先，成鸟拟态鹰来吓阻寄主不要靠近。这是一种看似危险的情形，但事实上成鸟会被寄主打得没有还手之力。其次，大杜鹃的卵拟态寄主的卵以避免被排斥。这则是一个看似无害的情形，但实际上寄生卵就会阻碍寄主的繁殖。我们已经看到，如果寄主能够识破伪装，它们就能通过排斥大杜鹃寄生卵而拯救自己的后代。而如果寄主看穿了大杜鹃成鸟的伪装并发起攻击，它们能够击退大杜鹃，阻止其产卵吗？

大杜鹃雌鸟可谓锲而不舍，有时甚至在被寄主攻击时也会在对方巢内产卵，埃德加·钱斯在其早期影片中已经记录了这样的场景。尽管如此，贾斯廷和我检验过的约 200 巢芦苇莺里面，有些亲鸟对标本发起了攻击，有些亲鸟将标本错认为雀鹰而不敢靠近，前者的巢遭受寄生的概率仅为后者的四分之一。

大杜鹃为什么会避免寄生那些更具攻击性的寄主的巢呢？有时寄主的攻击确实会对大杜鹃造成伤害。有个报道称，一只大苇莺非常凶狠地攻击一只大杜鹃雌鸟，以至于后者落到巢下方的水里淹死了。芦苇莺的个体大小仅相当于大苇莺的三分之一，即便如此，它们还是能够将大杜鹃的羽毛拔出。然而，身体受伤的风险可能并非吓阻大杜鹃的主要原因。当芦苇莺攻击大杜鹃时，它们发出的响亮叫声和敲击喙的声响可能会引来捕食者，这将增加大杜鹃卵遭到捕食的概率。此外，这种喧闹会让周围的芦苇莺都警惕起来，它们一旦发出那种刺耳的尖叫，附近领域内的芦苇莺都会前来查看发生了什么。如果邻居们都警觉了，它们或许也可能更加在意大杜鹃的行动。还有，正如我们之前的实验所展示的那样，寄主如看到有大杜鹃在自己巢里，它们更容易排斥掉寄生卵。

这些想法促使我们在威肯草甸沼泽做一系列新的实验。首

先，贾斯廷和我检验了这样一种情形：跟其他的信号如芦苇的晃动或见到大杜鹃出现相比，芦苇莺响亮的尖叫声是否更能吸引邻居关注。我们将小型音箱放置在距离所有的巢都比较远的芦苇丛里，这样一来我们的结果就不会受到芦苇莺叫声的影响。当播放"skrr... skrr"叫声的时候，芦苇莺很快就会靠拢，最远的个体来自40 米之外的领域。我们能看到芦苇莺顺着苇秆往上蹿时所引起的摆动，它们爬到苇秆顶部，再经过短距离的飞行就冲到音箱这边来了。有时最多会有 6 只邻居过来探视。而当我们播放作为实验对照的苍头燕雀雄鸟叫声"hreet...hreet"时，芦苇莺很少会被吸引过来。所以，邻居只对同类的告警声感兴趣。

芦苇莺会去探视邻近领域中的告警声缘何而来，它们将从中学到什么呢？接下来，贾斯廷和我进行了检验。我们将一个大杜鹃标本放在一个巢附近，旁边再放上一个音箱，通过播放告警声吸引邻居们前来查看。我们使用了好几只不同的标本，也播放不同的告警声录音，以此来确保寄主们的反应并非由于某只标本或某段录音的特别之处。邻居们再一次前来探视，而且这一回它们会看到大杜鹃标本。看着它们擅自进入相邻的领域实在很有意思，因为通常它们并不敢这么干，而且有时相邻领域的主人也会驱赶它们。

随后，我们想知道，在有了这种闯入相邻领域的探视经验之后，它们会对出现在自己巢内的大杜鹃标本有什么反应。确实真的有！在观察到周边邻居围攻一只大杜鹃之后，它们对出现在自己领域内的标本也有了更强的反应。它们会更快地靠近自己巢内的标本，表现得也更有攻击性，发出更多的告警声。此外，增强了的攻击性只是针对大杜鹃，它们对其他种类的标本并没有表现出这样的倾向。实际上，寄主之间有一种邻里守望机制，当有特定威胁在附近出现的时候，消息传递开来，大家都会提高警惕，并且会对特定的敌人有针对性地加强提防。

现在让我们总结一下通过实验揭示的各种各样的寄主防御和大杜鹃应对。

1. 寄主排斥跟自己卵在颜色和图案上有差异的卵。作为回应，大杜鹃演化出了逼真的拟态，以至于寄主单靠观察并不能百分之百地确定自己是否已遭寄生。

2. 寄主于是通过观察杜鹃的动向来评估自己遭受寄生的风险。如果它们见到自己巢内有一只大杜鹃，就更有可能会排斥卵。作为回应，大杜鹃雌鸟行踪隐匿，并且产卵很迅速，以免惊动寄主。

3. 寄主也会直接攻击大杜鹃雌鸟，以吓阻其产卵。作为回应，大杜鹃拟态鹰，使得寄主更忌惮于靠近。

4. 寄主进一步扩大自己关于周围大杜鹃活动的信息来源，不仅观察自己领域内的大杜鹃，还会关注邻居们发出的警报。如果它们在相邻领域内见到一只大杜鹃遭到围攻，也就会冒险靠近和攻击自己巢内的大杜鹃。正如我们即将看到的那样，大杜鹃会通

过不同的伪装来对抗寄主的这最后一道防御。

所有的大杜鹃雄鸟上体都是纯灰色。但是雌鸟却有两种色型，有的像雄鸟一样上体灰色，有的则是鲜艳的红棕色。当我第一次见到一只红棕色雌鸟飞过的时候，因为自己太习惯于它们是灰色时的样子，一时之间竟然没能认出它是只大杜鹃。不同的伪装也能骗过寄主吗？

罗斯·索罗古德（Rose Thorogood）和我通过给芦苇莺展示大杜鹃的灰色型或棕色型来检验了这一点。这次我们选用了木制的模型，以保证除了颜色之外，其他特征都是相同的。我的太太简（Jan）有着艺术家天赋，她制作了这些模型，实验也因此兼具了科学性和艺术性。通过将一个模型放到一个芦苇莺巢上，再播放芦苇莺的告警声吸引邻居前来，我们就重复了"邻居都来看"实验。不过这一次，我们有时会放灰色的模型，有时则放棕色的。

跟之前一样，见识过邻居围攻模型的芦苇莺回到自己巢之后也会提高戒备。但是，它们只会对自己在邻居那里见过的色型提高响应。如果它们见到邻居围攻一只灰色的模型，也就只会警觉自己巢上的同款模型；如果它们见到邻居攻击的是一只棕色的模型，那回到家也就只会对棕色的更起劲。因此，每当寄主对大杜鹃的一种色型产生警觉时，另外一种色型就更有可能蒙混过关。

在威肯草甸沼泽，大杜鹃灰色型雌鸟要远远多于棕色型。或许灰色型雌鸟由于更像雀鹰而具有额外的优势，而棕色型雌鸟的优势就在于稀少，因而更不容易被搜寻灰色型敌人的寄主提防？不过，在欧洲的其他一些地方，棕色型雌鸟要多于灰色型的。造成这种色型比例在地理上存在差异的原因还不得而知。

其他寄生性杜鹃里面也存在着多种色型，这点似乎是为了迷惑寄主的识别能力而演化出来的。只要想想，如果所有的盗贼都像动画片里那样，戴着面具，背着写有"赃物"的口袋，那我们要认出他们来就太容易了。可是真正的盗贼会有各种伪装，有的穿着考究，有的则看起来更像是朋友而并非坏人。在忙碌的生活当中，我们大多数人都会在某个时候上当受骗。

再来想想在英国短暂的夏日里为抚育后代而忙得不可开交的芦苇莺吧。你的死敌有时看上去像只鹰，有时羽色完全不一样，侵入领域时行踪隐匿又迅速，而且离开的时候还不留痕迹——巢内卵的数量不变，外观看起来也没有差别。你在巢内孵卵，随后有些意想不到的事情发生了：巢内的一只雏鸟将其他的卵都推了出去，而且它的体重会长到你的八倍。最终，显而易见，你将意识到自己被骗了……

第 9 章

怪诞的本能

◎ 2014 年 6 月 2 日，伯韦尔河，芦苇莺雌鸟（左）正看着自己的卵被巢内的大杜鹃雏鸟挤出，雄鸟则在一旁等着将叼来的蚊虫喂给这只雏鸟。

虽然亚里士多德曾提到过幼小的杜鹃"将共处一巢的其他卵或雏鸟推出去",但在接下来的两千年当中他简短的记述似乎都被忽略或遗忘了。发现这一奇异现象的荣誉现在被授予爱德华·詹纳,著名的疫苗接种先驱。

1788 年,在自己著名的天花研究之前,詹纳在《自然科学会报》(*Philosophical Transactions of the Royal Society*)上发表了一篇关于大杜鹃的论文,第二年他凭此发现当选为英国皇家学会会员。《自然科学会报》是世界上最古老、发行时间也最长的科学期刊。英国皇家学会成立 5 年之后,遵照学会的座右铭"不随他人之言"(*Nullius in verba*)为宗旨于 1665 年创办了该刊物,以倡导"唯有通过仔细观察和实验才能确立事实"的观点。

《自然科学会报》最初的全称是"哲学学报:对世界上许多地方一些天才正在进行的事业、研究和劳动做一些说明"(*Philosophical Transactions: giving some accompt of the present undertakings, studies and labours of the ingenious in many considerable parts of the world*)。1788 年出版的第 78 卷可以让我们一窥当时科学探

究的范围。该卷上发表了查尔斯·达尔文的祖父伊拉斯谟·达尔文（Erasmus Darwin）题为"关于空气机械膨胀的寒冷实验，解释了高山之巅的严寒程度"（Frigorific experiments on the mechanical expansion of air, explaining the cause of the great degree of cold on the summits of high mountains）的论文，威廉·赫舍尔（William Herschel）关于新发现的格鲁吉亚植物的一篇，约瑟夫·普里斯特利（Joseph Priestley）关于水的化学组成的一篇，以及其他人有关数学和"蔬菜的应激性"（the irritability of vegetables）的论文。詹纳的论文也发表在这一卷，题目很低调地叫做"对于大杜鹃的博物学观察"（Observations on the natural history of the cuckoo）。这是一篇细致观察和实验的杰作，只为享受自然世界的神奇，而全无一星半点的功利考虑。这篇论文日后掀起了被埃德加·钱斯称为"哗然一片"的争议。以下是詹纳对自己于 1787 年 6 月 18 日观察一个林岩鹨巢的记述：

出乎我的意料，竟看到了一只大杜鹃雏鸟，尽管才孵化不久，就努力要将林岩鹨雏鸟推出巢去。它达到此目的的方式非常有意思。这只小家伙，借助两只翅膀和腰勉强将林岩鹨雏鸟背在了背上，再抬高肘部张开翅膀托着该雏鸟。然后，它背朝着巢内侧吃力地向上攀爬，直到抵达巢的边沿才停下休息了片刻。最后，它突然猛地一顶，将背上的雏鸟成功摔出了巢。它保持那样的姿势

待了一会儿，用两个翼端在巢边来回摸索了一下，像是要确认林岩鹨雏鸟已经被妥善处理了，随后才又跌落回巢内。在巢中它继续用翼端试探着，看还有没有其他的卵或雏鸟存在。一旦发现，就会重复刚才的行动。大杜鹃雏鸟的翼端似乎有着良好的触感，看起来足以弥补此时它两眼还未睁开、没有视力的缺憾。

我随后在巢内放入了一枚卵，大杜鹃雏鸟经由相似的过程将这枚卵背到了巢边缘，扔了出去。类似的实验我在其他的巢内也重复了几次，总能观察到大杜鹃雏鸟的相同反应方式。在巢内向上攀爬的过程中，它有时会弄掉背上托着的卵或雏鸟，功败垂成。但是，稍事休息，它又开始了尝试，并且几乎不达目的誓不罢休。

……大杜鹃雏鸟奇异的身体构造也很适应它的这种行为。跟其他刚孵化的鸟类都不同，它从肩胛骨往下的背部很宽，当中还有一个明显的凹陷。这个凹陷似乎是为了容纳林岩鹨的卵或雏鸟而天然形成的，有利于大杜鹃雏鸟将它们托在背上移出巢去。

詹纳的上述观察遭到了广泛的质疑，皇家学会的主席约瑟夫·班克斯爵士（Sir Joseph Banks）对此可能也抱有怀疑。詹纳的论文一开始被拒稿了，还受到了这样的评论："编委会认为最好给你充分修改论文的余地。"不过，詹纳坚持己见，他的观点后来也为当时受人尊敬的鸟类学家，包括约翰·布莱克沃尔（John Blackwall）和乔治·蒙塔古（George Montagu）所赞同。

即便如此，一百年之后还是有不少人觉得詹纳的记述"荒谬可笑"。有的人相信，寄主卵和雏鸟被移出巢肯定是个被动的过程，不过是被长大的大杜鹃雏鸟无意间给挤出去的。还有人坚信是大杜鹃雌鸟返回巢来干的。例如，1892 年奥古斯特·巴尔达穆斯（August Baldamus）在他关于大杜鹃的也算相当出色的描述里竟然写道："大杜鹃雌鸟在自己的雏鸟孵化之后，移走及隐藏了寄主的卵。"

然而，没有证据表明大杜鹃成鸟曾对自己的骨肉施以援手，詹纳在自己的论文里也十分详细地排除了这种可能性。首先，他指出，自己观察到的对寄主卵和雏鸟的排挤发生在夏末，此时大杜鹃雏鸟才孵出，而成鸟都已离开了繁殖地。其次，在大杜鹃迁走之前，他在林岩鹨巢里做过两个实验。

在其中一个实验里面，詹纳发现，一个林岩鹨巢中有一只孵出不久的大杜鹃雏鸟，巢边缘的巢材上还有一枚刚被排挤出来的林岩鹨卵。卵的卵壳已有裂缝，但其中就快孵出的胚胎还活着。他将这枚卵放回巢内，几分钟之后回来查看时发现卵又被推到了巢边。于是，他再次将卵放回巢内，还移走了大杜鹃雏鸟。林岩鹨雏鸟在 25 分钟后孵出，并且之后三个小时都得到了父母的照料。这时詹纳将大杜鹃雏鸟放回巢中，几分钟后再次检查时，林岩鹨雏鸟已经被推出了巢外。

第二次实验时，詹纳找到了另一只被林岩鹨孵出约四个小时的大杜鹃雏鸟。他随后将这只雏鸟"限制在了巢内，尽管它几乎

不停地尝试，但也不能将巢中同时孵出的林岩鹨雏鸟推出去"。不清楚詹纳是如何做到这一点的，可能是将大杜鹃雏鸟的腿捆在了巢底部吧。结果就是林岩鹨雏鸟跟大杜鹃雏鸟一起留在了巢内，而接下来的四天当中，"从各方面来看，林岩鹨亲鸟都一视同仁地照料着这些雏鸟"。

詹纳谨慎的实验和细致的观察毋庸置疑。虽然看起来不可思议，新近孵出的大杜鹃雏鸟还全身裸露双眼紧闭，就承担了排挤掉寄主卵和雏鸟的全部工作，如此一来便可独占寄主的巢。虽说大杜鹃雏鸟的行为已经被多次拍摄过，但我每一次无论是在屏幕或现实中见到，依然会感到惊叹不已。如果寄主在巢时发生大杜鹃雏鸟的排挤行为，那么看起来就更加不同寻常了。大杜鹃雏鸟在把背上的寄主卵或雏鸟推出巢的时候，会将自己的养父母挤到一边。寄主对自己的骨肉正在被扔出巢的行为完全不加制止，就这么眼睁睁地看着自己那个夏季的繁殖努力被摧毁。

对寄主卵或雏鸟的排挤可能在大杜鹃雏鸟孵出之后的 8 至 10 小时就开始了。在威肯草甸沼泽，大杜鹃雏鸟会在孵出后 24 小时以内清空寄主的巢。然而，在捷克共和国开展的一项研究则发现，当地大杜鹃雏鸟会在孵出平均 40 个小时后才开始清空寄主芦苇莺的巢，因此有时雏鸟可能需要被饲喂一些食物之后才有力气排挤掉寄主的后代。在如芦苇莺和鹨这样体型较小的寄主巢内，一旦大杜鹃雏鸟将寄主卵托在背上，最快可能 20 秒就能从巢中推出一枚卵，不过一般都耗费三到四分钟。大杜鹃雏鸟每次都需要休息之后才能继续，所以清空巢通常会用上三至四个小时。而在排挤体型较大寄主的雏鸟时，则可能会花上一到三天的时间。曾有报道，一个林岩鹨巢内有只大杜鹃雏鸟较晚才孵出，结果这只两天大的雏鸟排挤掉了寄主已经七天大的雏鸟。大杜鹃雏鸟排挤寄主后代的行为，有时也会危害到自己。它经常会完事后站在巢边撑起身体，用翼端来回试探，确认寄主后代已经完全消失。在伊恩·怀利于沼泽中观察过的114巢芦苇莺雏鸟或卵被排挤的过程中，有两只大杜鹃雏鸟在试探时自己也从巢边掉了下去。

大杜鹃雏鸟排挤寄主卵和雏鸟的本能非常强烈，以至于不能容忍巢内存在其他任何东西。如果你将一小块鹅卵石或泥块放入巢内，大杜鹃雏鸟会马上将它们托到背上再推出巢去。我曾经将一只大杜鹃雏鸟暂时性地放在一个人工的巢里，想在实验室内记录下它的乞食叫声。我把一个热敏电阻探头放在雏鸟旁边，想用来监测其体温以保证它处于适宜的温度环境。但是，这只雏鸟立刻就对我的善意表达了不满，而我正在进行的录音也突然被一大声异响打断。原来是探头被雏鸟从巢内挤了出来，落在了地板上。

排挤异物的狂热会在大杜鹃雏鸟四天大之后消失，到了这个时候，大杜鹃雏鸟往往已经独占寄主巢。寄主父母没意识到，就在迅速生长的大杜鹃雏鸟身下，自己任何没被推出巢的亲骨肉可能要么被挤死，要么被饿死。然而，也出现过一个非比寻常的案

例。一只大杜鹃雏鸟比所在的整窝欧亚鸲雏鸟都晚孵出了一天，而之后的一整天里，尽管使出了浑身解数，它也没能将寄主雏鸟排挤掉，只好放弃。20 天后，在正常的时段内这只雏鸟离巢，而被它压在身下的欧亚鸲雏鸟竟也幸存了下来。这些小家伙在 23 天大的时候离巢，比欧亚鸲正常的离巢时间晚了 10 天。

大杜鹃的卵经过相当短的孵化期后就会孵出雏鸟。平均而言，它只需寄主孵化 11 天就够了。与之相比，芦苇莺的卵需要 12 天孵化，林岩鹨的要 12 至 13 天，草地鹨则要 13 天。因此，只要大杜鹃雌鸟在寄主产卵期之内、孵化期之前，把握时机完成寄生，它的卵就会比寄主的卵早一天左右孵出。这就给了大杜鹃雏鸟充分的时间，在寄主卵孵化成雏鸟之前就排挤掉它们。这应该比排挤已经能挣扎的寄主雏鸟要容易些。

大杜鹃的卵为什么能这么早就孵出呢？它们小得不同寻常的卵必定减少了孵化时间。但无论如何，大杜鹃的卵通常还是比寄主的要稍大些，它们依然比寄主的早孵出一天。这是如何做到的呢？原来，大杜鹃卵内的胚胎在发育上已早起步了一天，卵还在大杜鹃雌鸟输卵管里面就已经开始孵化了。1802 年，乔治·蒙塔古在他的《鸟类学辞典》（*Ornithological Dictionary*）中就首次提出了这一观点。但直到 2011 年，蒂姆·伯克黑德及其同事在显微镜下检查刚产下的大杜鹃卵里的胚胎时才予以了确认。大杜鹃雌鸟是隔天产一枚卵，排卵发生在产卵的 48 小时之前。从排卵到受精，再到包裹卵壳生成一枚完整的卵需要 24 小时。所以在其产出之前，已成形的卵会在雌鸟输卵管内再待上 24 小时。在体内额外孵化的这一天让杜鹃雏鸟赢在了起跑线上，使其能够比寄主的雏鸟更早地孵出。实际上，大杜鹃卵在雌鸟体内的这额外的 24 小时相当于会提前 30 个小时孵出，因为雌鸟体内的温度为 40℃，而寄主孵化时的温度则是 36℃～37℃。

初看起来，这似乎又是大杜鹃的一个花招。然而，许多非寄生性的杜鹃种类也是隔天产一枚卵，所以这可能只是寄生性杜鹃的祖征，而非为巢寄生而演化的特殊技能。隔天产一枚卵还有别的好处，例如可以有更多的时间为形成卵积蓄能量。对寄生性杜鹃而言，也可以有更多的时间来寻找合适的寄主巢。一旦有一种鸟每隔两天产一次卵，那么成形的卵在雌鸟体内多待的那一天将不可避免地会导致体内孵化。例如，野化的家鸽就是每两天产一枚卵，它们刚产下的卵中的胚胎发育程度就跟大杜鹃的相似。不过，虽说隔天产卵和体内孵化都不是针对巢寄生的专门适应，它们确实给大杜鹃雏鸟带来了发育上的先发优势，使其能提早孵化出来，并排挤掉寄主的卵。

达尔文在《物种起源》中指出了如何反驳他基于自然选择的演化论：

如果能够证明，任何现存的复杂器官不可能是经由众多连续的、轻微的改变而形成的话，我的理论将不攻自破。

对于任何复杂的行为模式来说，比如对大杜鹃的巢寄生行为来说，这一标准也同样适用。大杜鹃雏鸟令人惊讶的排挤行为真的是一步一步地、逐渐地演化而来的吗？

在大杜鹃卵和寄主卵的"军备竞赛"当中，我们已经见识过了逐渐演化的证据。遭到寄生之前，寄主并无防御行为。之后，寄主卵的防御和大杜鹃卵的拟态才逐渐一同演化。被达尔文称为"奇异而又可恶的本能"，即大杜鹃雏鸟排挤巢内同伴的行为，又是如何开始的呢？如果巢寄生行为是从照料后代的世系演化而来，那在寻常家庭生活之中就已经蕴含了大杜鹃雏鸟谋杀意图的前兆。

尽管看起来令人震惊，但确实有这样的例证。近来的观察已经打破了对动物世界家庭旧有的温情印象。在绝大多数鸟类的巢里，亲鸟带回食物时一个熟悉的场景便是雏鸟们争先恐后，试图赛过自己的兄弟姐妹以获得饲喂。如果食物短缺，年幼一些的雏鸟将因竞争不过那些更大的胞亲而被饿死。然而，现在我们已经知道，有时大的雏鸟会通过啄击小的雏鸟或将它们挤出巢外，来加速这些弟弟妹妹的死亡。比如，在三趾鸥的集群营巢地，超过 50% 的较小雏鸟会被挤出巢，跌落在下方的岩石上摔死。较小的鹭类和鲣鸟雏鸟也常会遭到哥哥姐姐的啄击并被它们挤出巢外。一旦被排挤出巢，父母就不再管它们了，任由其在冻饿中死去。

对父母养育自己后代的种类来说，如果食物充足的话，较大的雏鸟通常会抑制自己的好斗与自私。这也不难理解，因为巢内稍小的同伴是流着同样血脉的弟弟妹妹。就大杜鹃雏鸟而言，情况则正好相反。它跟同在巢内的其他雏鸟并无血缘关系，因此肆无忌惮的自私也不会使它有所损失。自然选择发挥作用也就顺理成章了。寻常家庭生活当中早已有了大杜鹃雏鸟自私自利的原材料，所发生的不过是从根据食物供应偶尔、选择性地杀死同巢胞亲而演化为每次的例行杀戮。

大杜鹃雏鸟排挤寄主卵和雏鸟的方式看起来可能很残酷。但大杜鹃寄主后代无论冻死或溺亡，跟非洲的寄主所遭受的另一类巢寄生鸟类的折磨相比，恐怕就好受多了。响蜜䴕科（Indicatoridae）一共有 17 种，它们是生活在森林和开阔林地中的羽色平淡无奇的小型鸟类。其中，黑喉响蜜䴕以引导人类前往蜂

巢而闻名，该科的科名也是由此而来。[1]尽管它们的这一习性看起来很友好，但响蜜䴕的世界有着阴暗的另一面：得到研究的种类都会巢寄生其他鸟类。黑喉响蜜䴕是其中被研究得最多的一种，它寄生像戴胜和蜂虎这样的洞巢鸟类。跟大杜鹃雌鸟一样，黑喉响蜜䴕雌鸟一次也只在寄主巢内产一枚卵。响蜜䴕雏鸟刚孵出来就带有现成的武器：它的上下喙末端都有着尖锐的钩突。由于响蜜䴕雏鸟总是会被寄主单独养大，一旁的寄主雏鸟尸体上则有着被戳伤的痕迹，人们很早就怀疑它们肯定是用这些武器行凶。但是这样的杀戮发生在阴暗的巢洞里面，直到最近人们才有机会亲眼见证。

2012年，克莱尔·斯波蒂斯伍德和叶罗恩·库雷瓦（Jeroen Koorevaar）在赞比亚南部的小蜂虎巢内安装了红外摄像机，他们根据拍摄到的素材，第一次报道了黑喉响蜜䴕杀死寄主雏鸟的行为。小蜂虎是当地黑喉响蜜䴕的主要寄主种类，它们经常将巢建在由土豚挖掘出的半地下洞穴的深处。巢室位于一个狭窄隧洞的末端，隧洞长约半米，由小蜂虎自己在土豚洞穴壁上开挖而成，通常位于地表土壤以下30至50厘米深处。摄制影片所需的现场工作，需要结合克莱尔作为野外生物学家的才华，以及当地农场

---

[1] 黑喉响蜜䴕（*Indicator indicator*），其学名中的*indicator*源自拉丁文，意为"指引，向导"，该种于1777年被命名描述，是最早被科学认识的一种响蜜䴕。响蜜䴕科的科名也由此而来。——译者注

工人的技术。这些工人习惯于在坚硬的土地上挖掘鼠穴，以此来获得搭配他们玉米粉主食的肉菜。他们用一根长的草茎伸进小蜂虎的巢内。当草茎进入巢室的底部无法再深入时，他们通过测量草茎的长度便能知道巢洞的深度。接下来这根草茎会被放在巢洞正上方的地面来标识正确的距离，然后他们再用鹤嘴锄小心地挖出一个探洞进入巢内。

因为只有 30% 的小蜂虎巢会被黑喉响蜜䴕寄生，挖掘队伍通常都会失望而归。有时挖开洞已经太迟，找到的就会是一只响蜜䴕雏鸟，周围躺着蜂虎雏鸟的尸骸。他们还曾经意外地挖到一条黑曼巴蛇，而被它咬上一口就足以致命。不过，还是挖到了时机正好的五个巢，内有一只刚孵出的响蜜䴕雏鸟和一窝即将孵出的蜂虎卵。他们将摄像机放在巢室的尽头，由光缆连接到地面上的数码录像机上，再用从附近的白蚁穴上取下的一个土块盖住探洞。最后，用象粪封严实土块，还花钱雇当地的小孩看住现场，以免设备被偷。

他们描述影片内容的论文题为"黑暗中的刺杀"（A Stab in the Dark），读起来跟任何恐怖故事一样令人不寒而栗。响蜜䴕雏鸟往往会比寄主雏鸟早孵出好几天，但它的两眼尚未睁开，并且巢室内漆黑一片，所以这完全就是一场单纯依赖触觉的暗黑击杀。事实上，响蜜䴕雏鸟会攻击人伸入巢室的手，它上下颚的力量是如此之强，以至于在咬着你的手指时你就可以将它直接吊起来。寄

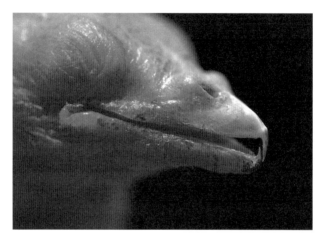

刚孵出的黑喉响蜜䴕雏鸟上下喙就有锐利的钩突。

响蜜䴕雏鸟利用钩突将寄主小蜂虎的雏鸟刺死。

（两图均由克莱尔·斯波蒂斯伍德拍摄于赞比亚。）

主的雏鸟一经孵出就会遭到袭击。响蜜䴕雏鸟用喙尖抓住一只寄主雏鸟，然后反复地刺咬和摇晃受害者，每次可长达 4 分钟。这样的刺咬很少造成开放性的伤口，但却会引起皮下大出血和严重的瘀伤。寄主雏鸟不会试图躲避攻击，很快也就停止向亲鸟乞食了。从遭受最初的攻击开始，它们可能会经历 9 分钟至超过 7 个小时才会死去。蜂虎父母无法在黑暗之中目睹这场惨剧，也不会去阻止。影片上显示，甚至响蜜䴕雏鸟正在将蜂虎雏鸟折磨致死的同时，成年蜂虎还在给凶手递食。

响蜜䴕雏鸟通过刺咬而非排挤来除掉寄主雏鸟，可能是由于从洞巢或洞穴深处实施排挤行为存在困难。但喙上的钩突又是如何演化而来的呢？神奇的是，在两种养育自己后代的鸟类当中也存在着这样的武器，有一种蜂虎和一种翠鸟的雏鸟就会在食物短缺时用它来攻击自己的兄弟姐妹。不过这两种雏鸟的钩突长度比响蜜䴕雏鸟的要短，并且仅存于上喙末端。再一次，巢寄生种类所具备的极端适应特征，其实是经由自然选择演化而来，只不过是简单地升级了寻常家庭生活中已经存在的初级适应形式而已。

我们现在又回到了威肯草甸沼泽，在一个芦苇莺巢内有只刚孵出的大杜鹃雏鸟。它的皮肤是亮粉色，口裂橙色，舌头上面没有斑点。芦苇莺自己的雏鸟要小些，皮肤黑色，口裂黄色，舌头

上有两个醒目的黑点。大小、颜色和花纹正是芦苇莺用来识别并排斥陌生卵的线索。显然，它们此时应该根据这些同样的线索排斥掉大杜鹃雏鸟。但是它们并没有这么做。这到底是为什么呢？

一种可能性是，寄主很少有机会将自己的雏鸟和大杜鹃雏鸟加以比较，因为大杜鹃雏鸟早就排挤了寄主的卵。但是当大杜鹃雏鸟晚些孵出的时候，就有寄主雏鸟可供参照了。这时，寄主仍然没有排斥掉大杜鹃雏鸟。而且即便在大杜鹃雏鸟排挤自己骨肉的时候，寄主也不会去干预。

迈克尔和我通过实验给芦苇莺提供了比较自己雏鸟和大杜鹃雏鸟的另一次机会。我们将一根竹竿插在巢附近，再在上面捆上一个巢。正在巢中喂养自己雏鸟的亲鸟，有机会见到竹竿巢里面我们放入的一只大杜鹃雏鸟。而那些在巢中喂养大杜鹃雏鸟的亲鸟，则有机会见到竹竿巢里我们放入的一窝芦苇莺雏鸟。我们先观察一个小时，然后将两个竹竿巢内的雏鸟互换，再观察一个小时，以此来检验亲鸟是否会对特定的巢或巢里特定的雏鸟产生偏好。芦苇莺亲鸟对我们在其巢上进行的实验操作表现出了令人叹服的容忍度，或许是因为它们已经习惯了筑巢环境的变化，比如芦苇的生长或风的吹拂。所以每次我们操作完成之后，亲鸟总是迅速地回巢，又开始饲喂雏鸟。它们会停栖在巢的上方，向下审视两个巢和雏鸟们，选择乞食动静最大的那一巢去喂。结果显示，亲鸟对于自己的巢或竹竿巢，以及巢内是大杜鹃雏鸟还是芦苇莺雏鸟都未表现出偏好。这些实验还表明，即便自己的雏鸟就在一旁可以作为参照，亲鸟还是会去喂竹竿巢里的大杜鹃雏鸟。

理查德·道金斯和约翰·克雷布斯曾认为，鉴于大杜鹃依靠欺骗让自己的卵被寄主接受，那么它们在雏鸟阶段也依靠不同的伎俩。这种伎俩，他们称为操控。他们还提出，寄主可能就没有办法拒绝大杜鹃雏鸟，这就像"瘾君子无药可救"。这种观点甚是诱人，几乎都快要让人相信了。然而，我们却发现，芦苇莺也会接受其他鸟类的雏鸟，会一视同仁地在自己雏鸟旁边饲喂这些外表差异很大的家伙。比如，芦苇莺会接受放入自己雏鸟中间的一只林岩鹨雏鸟。林岩鹨的雏鸟跟大杜鹃的相似，也有粉色的皮肤和橙色的口裂，跟芦苇莺雏鸟黑色的皮肤和黄色的口裂差异蛮大。其他会排斥大杜鹃卵的寄主种类也同样会接受大杜鹃雏鸟之外的异种雏鸟。

这些实验表明，用瘾君子类比并不准确。大杜鹃的雏鸟无需任何特殊的刺激便会被寄主接受。大杜鹃的寄主们只是不会排斥长得跟自己雏鸟不一样的雏鸟，它们会去饲喂自己巢内任何一张嗷嗷待哺的嘴。这也解释了为何大杜鹃雏鸟不用再去拟态寄主的雏鸟。可我们仍然面临着一个困惑：大杜鹃的寄主们为什么排斥陌生卵却不排斥奇怪的雏鸟呢？

一种可能性是，对寄主来说，在早期尚处于卵的阶段排斥更好。如果它们此时排斥掉大杜鹃的卵，便可以拯救自己余下的后

代，所蒙受的不可挽回的损失只限于大杜鹃雌鸟在产卵时所移除的那一枚卵而已。就算它们放弃掉整个已被寄生的巢，只要季节还不太晚，仍然有机会再养育一窝自己的后代。当然，前提是运气好，没有再遭到寄生。再晚一些的排斥，也就是雏鸟时期的排斥，则在两个方面都不太有利。此时大杜鹃雏鸟可能已经毁掉了寄主的后代，而且到了这一阶段想要再重来一窝的话，时间也来不及了。

尽管如此，在威肯草甸沼泽 80% 的大杜鹃卵都在芦苇莺那里蒙骗过关。想必在雏鸟阶段的第二道防线对寄主来说也大有裨益，这不仅能省下喂养大杜鹃雏鸟所付出的三周辛劳，还能免除雏鸟出飞之后额外的两周照料时间。

第二种考虑则认为，识别一只陌生的雏鸟可能要比识别一枚陌生的卵难度更大。一枚卵在整个孵化期间看起来都一样，但是雏鸟则会随着生长变得一天一个样。芦苇莺雏鸟刚孵化时全身裸露、皮肤黑色，几天之后当羽毛长出来了就会变成棕色。此外，由于寄主的雏鸟通常会在一天或两天之内陆续孵出，所以巢内会同时有不同日龄的雏鸟，它们在体型大小和外观上存在明显的差异。要在这当中找出一只陌生的雏鸟来谈何容易。

但是这第二种观点的说服力也不是特别强。还是有一些简单的规则可供寄主利用。比如，若是芦苇莺只饲喂舌头上带有斑点的雏鸟，那就根本不会上当去喂大杜鹃雏鸟了。

1993 年，阿尔农·洛特姆为解决大杜鹃寄主为何似乎注定了总是接受陌生雏鸟的问题提出了一个精巧的办法。寄主是如何识别自己雏鸟的呢？答案或许是经过学习，就像识别卵一样。我们已经见到，在卵的阶段，寄主的学习起到了很好的效果。寄主时不时倒霉在自己产第一窝卵的时候就被寄生了，从此学习到将自己的卵和寄生卵都视为己出。不过，这种错误印痕的代价倒也不是太糟，尽管将来它们可能会受骗接受陌生的卵，但很多时候也并不会遭到寄生，因此它们可以愉快地养大自己的后代。

不过，现在不妨想象一下，如果大杜鹃的寄主对雏鸟也采取了同样的学习过程，将会发生什么。要是它们不幸在繁殖平生第一窝的时候就遭到了寄生，那么就只会见到大杜鹃雏鸟。这下子错误印痕（mis-imprinting）的代价就要大得多了。如果寄主只认大杜鹃的雏鸟，那在将来即便没被寄生，它们还是会排斥掉自己的亲生骨肉。事实上，最好是不要对雏鸟形成印痕，接受任何出现在巢内的雏鸟即可。大杜鹃的寄主们恰好似乎就是这么做的。因此，哪怕大杜鹃雏鸟跟自己的雏鸟完全不像，寄主最终还是接受了它们。

好的点子会在奇怪的时刻浮现。阿尔农告诉我，他是在某个晚上排队等待进电影院时突然想到这种解释的。有十年的时间，我都认为这就是大杜鹃雏鸟不必拟态寄主雏鸟的原因。但是，看似美妙的理论会被新的观察推翻。2003 年以来，在澳大利亚开展

的研究表明，杜鹃的寄主可以逃避任何潜在的错误印痕陷阱。它们会排斥不像自己雏鸟的陌生雏鸟，而作为回应，那些杜鹃也演化出了雏鸟的拟态，即它们看起来和听起来都像是寄主的雏鸟。

就像在欧亚大陆上大杜鹃是春天的使者一样，不绝于耳的杜鹃叫声也是澳大利亚春日里的熟景。对于澳大利亚原住民来说，这就是"*Ngawu*"的信号，即9至10月间收获鸟卵的季节到来的信号。有个澳大利亚原住民传说讲的就是在黄金时代（Dreamtime），造物主（Byanee）创造了所有的鸟类，并教会它们如何筑巢、什么时候产卵，以及怎样照顾自己的后代。所有鸟类都顺从造物主，唯有一心只想歌唱的杜鹃类是个例外。根据这个传说，其他鸟类抱怨杜鹃们的懒惰，将其赶到了遥远的北方。从那以后，杜鹃类就一直生活在北方了，但是每个春天要回到南方将自己的卵产在其他鸟类的巢内。由此，杜鹃类可以一直安心歌唱，而它们的后代每年也会在黄金时代记忆的指引下飞回北方。这个传说一并解释了澳大利亚杜鹃类的巢寄生和季节性迁徙现象。

有十种寄生性杜鹃生活在澳大利亚，其中包括三种金鹃——这是一类麻雀大小的杜鹃，羽毛带有绿色或铜色的金属光泽，下体则有横斑。金鹃类的雏鸟跟大杜鹃雏鸟一样，也会先孵化出来，然后排挤掉寄主的卵。然而，跟大杜鹃雏鸟形成鲜明对比的是，刚孵出的金鹃类雏鸟跟寄主雏鸟长得一模一样：

棕胸金鹃的雏鸟皮肤黑色，跟它的刺莺（澳大利亚洲的一类莺）寄主雏鸟相似；

金鹃的雏鸟皮肤黄色，跟它的刺嘴莺寄主雏鸟相似；

霍氏金鹃的雏鸟皮肤粉红色，跟它的鹩莺寄主雏鸟相似。

这些金鹃类的雏鸟在口腔和绒羽颜色上也跟其对应寄主的雏鸟相似。而且金鹃类雏鸟乞食的叫声也很像寄主雏鸟。所以，难道是寄主在雏鸟阶段的防御导致"军备竞赛"升级，使得金鹃类产生了雏鸟的拟态？

位于堪培拉澳大利亚国立大学的内奥米·郎默（Naomi Langmore）和来自剑桥大学的贝姬·基尔纳（Becky Kilner）[1]是最早证明金鹃类的寄主确实会排斥拟态不好的寄生雏鸟的两位研究者。她们以华丽细尾鹩莺作为研究对象，该种雄鸟有着闪耀虹彩的蓝色羽饰，长相真的称得上华丽。在堪培拉周围的公园当中，华丽细尾鹩莺是霍氏金鹃最主要的寄主。霍氏金鹃雏鸟的乞食叫声跟寄主雏鸟的一模一样，长得也是八九不离十，它们也有着粉色的皮肤，只不过腰部颜色更灰一些。尽管如此，在孵出后的几天之内，华丽细尾鹩莺亲鸟会排斥掉40%的霍氏金鹃雏鸟。金鹃

---

① 贝姬（Becky）是丽贝卡（Rebecca）的简称。——译者注

有时也会寄生华丽细尾鹩莺，但它的雏鸟皮肤黄色，乞食叫声也不同，所以总是会被寄主排斥掉。这一点表明，寄主会利用视觉和声学线索来识别陌生的雏鸟。

内奥米和贝姬发现，常常是华丽细尾鹩莺雌鸟首先排斥金鹃类的雏鸟。它一旦拿定了主意，就会在附近重新筑巢。然而，有时看样子它又很难下定决心。它会飞回旧巢，停在边上盯着金鹃类雏鸟看上几分钟，然后飞离出去觅食，但很快又回来继续看着雏鸟。有只雌鸟如此反复了一阵儿，然后飞走并开始收集蜘蛛网筑新巢，但是最终还是返回旧巢开始抚育雏鸟，直至将其抚养长大。鹩莺雄鸟有时反应比较迟钝，在雌鸟弃巢之后，还会饲喂金鹃类雏鸟几个小时甚至一两天。不过一旦雌鸟开始为产另一窝卵邀请交配时，雄鸟就会很快将注意力转移到雌鸟身上并放弃金鹃类雏鸟。

需要很仔细地观察才能发现这些寄主的遗弃行为。因为一旦金鹃类雏鸟被寄主抛下，虹琉璃蚁（meat ants）就会侵入巢内，甚至在雏鸟还活着的情况下便开始吃它们。几个小时之后，巢里面就什么都没剩下了。如此一来，如果到第二天才去查巢的话，研究者只会看到巢内空空如也，就跟那种典型的被蛇捕食了的情形一样。

在一次繁殖过程中接受了霍氏金鹃雏鸟的华丽细尾鹩莺，并不会在接下来的繁殖当中抛弃自己的雏鸟，因此它们显然能避免任何由错误印痕造成的问题。此外，随着对自己雏鸟熟悉程度的增加，它们更有可能排斥金鹃的雏鸟。这表明，在雏鸟识别当中确实牵涉学习过程，而且肯定有些线索能确保寄主易于识别自己的雏鸟。但我们还不知道这些线索是什么。[①]

尽管看起来跟自己的雏鸟很像，棕胸金鹃的刺莺类寄主有时也会排斥寄生的雏鸟。刺莺排斥棕胸金鹃雏鸟的方式令人印象深刻：它们将拼命挣扎的雏鸟叼在嘴里，直接扔出巢去。

既然澳大利亚的寄主种类能够排斥金鹃类的雏鸟，为什么大杜鹃的寄主们就不会呢？一种可能性是，澳大利亚的寄生性杜鹃跟寄主种类之间的"军备竞赛"历程更为久远，所以有更长的时间进行演化。根据 DNA 的相似性，人们估计，英国大杜鹃分别专性寄生草地鹨、芦苇莺和林岩鹨三个族群的共同祖先大概出现在八万年前。与之相比，澳大利亚的金鹃类是古老得多的种类，可能已经跟它们的寄主之间有过上百万年的互动。这可能为演化提供了时间，从而超越了卵时期的"军备竞赛"，发展出了寄生者

---

① 2012 年发表的一项研究指出，华丽细尾鹩莺雌鸟在孵化期发出的鸣叫声，会被孵出之后的雏鸟整合到自己的乞食叫声当中，雌鸟也对带有自己鸣叫声的雏鸟乞食响应最为明显。因此，这种发生在胚胎期的鸣声学习，或许就是华丽细尾鹩莺识别霍氏金鹃雏鸟的线索。——译者注

与寄主在雏鸟阶段的攻防策略。

澳大利亚的寄主们将"军备竞赛"升级到了雏鸟阶段还有一个很充分的理由，那就是：金鹃们似乎已经在卵阶段击败了它们的寄主。华丽细尾鹩莺用草在低矮的植被中构筑隐蔽性很好的球形巢。它们的卵为粉红色，且带有细密的红褐色斑点。鸟巢有一个大洞作为侧门，尽管有时候也能看到巢内的卵，但卵上的花纹不会像开放式杯状巢里面的那样清晰可见。无论颜色还是大小，霍氏金鹃的卵都是对鹩莺卵的完美拟态。内奥米·郎默和贝姬·基尔纳就发现，虽说鹩莺见到金鹃在自己巢内时就会弃巢，但它们却从不会排斥寄生卵。似乎华丽细尾鹩莺巢内阴暗的光线条件削弱了寄主对高度拟态寄生卵的识别能力。寄主如果意识到自己被寄生了，但却不能确定哪一枚是金鹃的卵，那么最好的办法就是弃巢之后重新来过。

令人惊叹的是，早在这些科学研究之前，澳大利亚原住民就已经知道，被他们称作 Ter ter 的华丽细尾鹩莺不会排斥霍氏金鹃（Woor）的卵。这是他们对自然世界具有深切认识的一个鲜活例证。根据原住民的传说，排斥卵不符合鸟类的天性。而现在我们用科学阐释了这些天性是如何演化而来的。

刺莺类和刺嘴莺类有着光线更为阴暗的球形巢，寄生它们的棕胸金鹃和金鹃还有另一个非凡的伎俩，能助力自己在卵的阶段击败寄主。巢内光线较暗的鸟类一般会产白色的卵，刺莺类和刺嘴莺类寄主白色带花纹的卵就是典型。白色的卵在暗光环境下更容易看见，有利于寄主在孵化时翻动卵、检查快孵出的迹象和移除孵化后的卵壳。与之形成鲜明对比的是，棕胸金鹃和金鹃产深橄榄褐色的纯色卵，在阴暗的巢内很难被发现。研究者就算借助手电也时常会错过金鹃的卵，只有当手指触摸到多了一枚卵时才发现该巢已被寄生了。这些金鹃的卵不同寻常，因为褐色的色素集中在卵壳的外层，而不是在卵壳里面。所以你可以用一块湿布直接擦掉这些颜色。不管是刺莺类还是刺嘴莺类都不会排斥寄生卵，看样子金鹃们深色的卵已经击败了寄主。由于在阴暗的球形巢内，寄主没法挑出高度拟态或深色的金鹃卵，它们在卵的阶段就败下阵来了。所以，澳大利亚的这些寄主种类可能就演化出了雏鸟阶段的防御。

还有个因素可能也有助于解释欧亚大陆温带地区的大杜鹃寄主们为什么不排斥大杜鹃的雏鸟。该地区寄主种类繁殖的机会更为局促，因此没法像澳大利亚的寄主们那样在雏鸟阶段还斤斤计较。只有 50% 的芦苇莺成鸟能存活到下一个繁殖季，所以一半的个体仅有一个夏天的机会繁育后代。正如我们已经看到的，它们攻击、驱赶大杜鹃雌鸟，并且排斥巢内可疑的卵，只有这样才能保卫自己的卵免遭厄运。但是等到了雏鸟孵出，时机已晚，再来一窝的机会日趋渺茫。因此在这个后期阶段，最好的办法或许就是努力照料好自己巢内嗷嗷待哺的雏鸟，而不再管是亲生的还是

寄生的。澳大利亚的鹪莺类和刺嘴莺类寿命则要长得多，70% 至 80% 的成鸟能存活到下一个繁殖季。对它们而言，即便到了繁殖季的后期，在雏鸟已孵出后多加小心也是对的，因为它们很有可能活到第二年再次进行繁殖，而那时它们或许可以更加确定自己的巢未被寄生，因此可以放心地养育自己的后代。

第 10 章

乞食的花招

◎ 2014 年 6 月 22 日，威肯草甸沼泽，一只芦苇莺正在饲喂自己的五只七日龄雏鸟。

安静地坐在威肯草甸沼泽里，观察一对芦苇莺饲喂它们自己的雏鸟，感觉就像在经历着另一个世界。

最好的办法是将巢前方的一些芦苇捆扎一下，形成一个狭窄的缝隙，这样就能坐在岸上观察巢了。一旦坐下来，你的视觉和听觉就处在了芦苇莺亲鸟的高度。目力所及之处是由绿色苇秆和如长矛般叶子组成的一座茂密森林，偶尔飞过一只黄色的食蚜蝇，或一只带有金属光泽的红色甲虫，又或是一只天蓝色的蜻蜓会在满眼的绿色之中闪现一阵炫目的色彩。水面上闪耀着黄白色的睡莲，无风的空中充满着昆虫的轻吟浅唱。水中的狗鱼突然溅起一阵水花，游过的黑水鸡咯咯地叫着，小心走过的西方秧鸡则会发出尖细的叫声。白头鹞从头顶掠过，它的身影也飘荡在下方的芦苇荡里。芦苇莺忙于为自己饥饿的雏鸟收集食物，你能感受得到它的那种急切。它要时不时回巢暖雏，操持这些繁忙家务之余还得留神周围的背景声音（往往是一阵芦苇摩擦发出的嗦嗦声以及在阳光下被晒干的老旧苇秆碎裂的声音）里有没有潜藏着危险的信号。当你沉浸于这个隐秘的世界几小时之后，站起身来，再次以人类视野观看沼泽，你会为头顶巨大的苍穹和一览无余的地平线所震惊。

当威肯草甸沼泽中的芦苇莺巢内有一只大杜鹃雏鸟时，芦苇莺们的行为显得别无二致，就像照顾自己后代一样饲喂和保护大杜鹃雏鸟。带回巢的食物也是一模一样的，要么是满嘴的小蚊蝇，要么是单个的大家伙，比如毛虫、蛾子、蝴蝶、豆娘、食蚜蝇或粪蝇。它们还以跟喂养一窝四只同龄芦苇莺雏鸟一样的速度来饲喂这只大杜鹃雏鸟。唯一的区别就是，大杜鹃雏鸟更为依赖养父母，在巢内要待 17 至 20 天，离巢之后还要再被喂上 16 天。与之相比，芦苇莺雏鸟在巢内只待 11 天，离巢后也只需再喂 12 天即可。

帕拉茨基大学的托马什·格里姆（Tomáš Grim）在捷克境内进行了一项研究。结果发现，在大杜鹃雏鸟约 15 天大的时候，芦苇莺会抛弃 16% 的这些雏鸟，而这个时间段显然已经超过了一窝芦苇莺雏鸟的正常育雏期。不过，这样的行为不太像是为抵御大杜鹃而演化来的。通过用另一窝较小的雏鸟来替换已有的雏鸟，以此来人为延长育雏期的实验操作，托马什发现，这种情况下也会有相似比例的芦苇莺雏鸟被成鸟抛弃。因此，偶尔被遗弃的大杜鹃雏鸟，可能只是芦苇莺保护自己不再去饲喂生长缓慢的雏鸟这种行为的副产品，毕竟超过正常发育周期的雏鸟往往意味着繁殖失败。

在威肯草甸沼泽，情况则有所不同。尽管也有育雏期延长的

问题，但我们从来没有记录到大杜鹃雏鸟被芦苇莺抛弃的情况。那么，一只大杜鹃雏鸟是如何说服其芦苇莺养父母像照料它们的亲骨肉那样努力饲喂自己的呢？丽贝卡·基尔纳、戴维·诺贝尔（David Noble）和我花了两个夏天，通过多种实验来尝试解决这个问题。

　　首先，我们想知道大杜鹃雏鸟鲜艳的橙色口裂对寄主而言是否构成了主要的吸引力。对于棕薮鸲这种在西班牙南部大杜鹃所喜好的寄主种类来说，情况确实如此。科托·多尼亚纳生物研究站的费尔南多·阿尔瓦雷斯（Fernando Alvarez）用无毒的食用色素将通常为黄色口裂的棕薮鸲雏鸟涂成了鲜艳的橙色。亲鸟立刻就给雏鸟带回了更多的食物！所以对这些寄主而言，大杜鹃雏鸟橙色的口裂形成了一种"超常刺激"，引发了比亲鸟通常所期望的口裂颜色更为强烈的反应。芦苇莺的雏鸟同样有着黄色的口裂。然而，当我们以食用颜料将芦苇莺雏鸟口裂涂为橙色时，却并没有促使亲鸟带回更多的食物。而且，在一窝正常颜色口裂的雏鸟当中，亲鸟也并未表现出对于橙色口裂雏鸟的偏好。所以，对于芦苇莺来说，橙色的口裂并未形成"超常刺激"。

　　接下来，我们认为寄主可能单纯是为大杜鹃雏鸟较大的体型所刺激。果真如此的话，其他种类体型较大的雏鸟应当也能受到跟大杜鹃雏鸟一样强度的寄主饲喂。我们通过下面这个实验来验证这一点：在取得研究许可的情况下，我们用一只欧乌鸫的雏鸟来暂时性地替代一窝芦苇莺雏鸟。（与此同时，在一个人工巢内我们为替换出来的那窝芦苇莺雏鸟做好了保温和食物供给工作。）我们预测，如果芦苇莺亲鸟的饲喂强度是由巢内雏鸟体型决定的，那么它们就应该给欧乌鸫雏鸟（跟大杜鹃雏鸟体重一样）带回同样多的食物。

芦苇莺的雏鸟在夏末的六七月间才孵出，此时大多数的欧乌鸫都已经结束繁殖，所以想找到一窝仍在育雏阶段的欧乌鸫相当不容易。另一个实践层面的困难在于，欧乌鸫雏鸟被放入芦苇巢之后，最初只是老老实实地蹲着，并不会向成鸟乞食。随后我们才意识到问题所在，欧乌鸫雏鸟习惯了灌丛之中稳固的巢，并不适应会随风摆动的芦苇莺巢。于是，我们把支撑芦苇莺巢的苇秆绑到插进泥里的竹竿上，将其固定起来。巢一旦稳定下来，欧乌鸫雏鸟便开始卖力地乞食，芦苇莺成鸟也立刻给予回应，开始饲喂这只雏鸟。然而，在好些巢上重复的这一实验表明，同样体重的情况下，欧乌鸫雏鸟被饲喂的频率要远低于大杜鹃雏鸟。实验结束后，我们当然将欧乌鸫雏鸟和芦苇莺雏鸟都送回了各自的巢内。它们的父母也继续照料它们，就像什么事都没发生一样，也完全没有意识到自己的孩子为科学研究做出了贡献。

很明显，大杜鹃雏鸟较大的体型本身并不足以刺激芦苇莺给其带来充足的食物。随后我们意识到，亲鸟不仅仅观察雏鸟，而且还会聆听雏鸟的声音。当一只芦苇莺雏鸟乞食的时候，会发出

音频很高的"tsi……tsi"叫声。而当一只大杜鹃雏鸟乞食，则发出急促得多的"tsi..tsi..tsi..tsi"叫声。实际上，在我们听起来，大杜鹃雏鸟的叫声并不像是一只雏鸟所发出的，而更像是一整窝饥饿的雏鸟都在叫的状态。就是这种声音上的把戏，刺激寄主将大杜鹃雏鸟当成自己的一整窝雏鸟吗？

我们又在芦苇莺巢内放入单只欧乌鸫雏鸟来检验这一点，不过这次给了欧乌鸫雏鸟一些帮助。一个小的音箱也被放到芦苇莺巢附近，每当欧乌鸫雏鸟开始乞食，我们就通过音箱播放大杜鹃雏鸟乞食的叫声。芦苇莺成鸟对额外的乞食叫声反应迅速，更加勤勉地收集食物。我们对好些巢都做了这样的实验，结果也都很明显：在大杜鹃雏鸟乞食叫声额外的刺激之下，寄主确实给欧乌鸫雏鸟带回了更多的食物，就数量而言跟带给一只同等体重的大杜鹃雏鸟的一样多。在进一步的实验中我们发现，播放一窝芦苇莺雏鸟的乞食叫声也可以起到同样的刺激效果。因此，大杜鹃雏鸟那过于嘈杂的乞食叫声听上去就像是一整窝饥饿的芦苇莺雏鸟在叫。这种叫声才真的是关键。一个重要的发现是，欧乌鸫雏鸟本身并未因为我们播放的录音而更多地乞食，所以是大杜鹃雏鸟的乞食叫声刺激了芦苇莺成鸟更频繁的饲喂行为。

稍后才发现，虽然我们是第一批验证这点的人，但并非是首个想到这一点的人。1743 年，出版了一本题目可翻译为"带翅膀的神学：通过对鸟类的深入思考，尝试着激发人类对于造物主的钦佩、热爱与敬畏"（*Winged Theology: an attempt to inspire humankind to admiration, love and reverence for their creator by a closer consideration of birds*）的德文版书。该书的作者措恩（J. H. Zorn）肯定深入思考过有关大杜鹃的问题。他写道：

年幼的大杜鹃叫得就像寄主的整窝雏鸟一样大声，以此来强化养父母的喂养行为。

可见措恩早在两百五十多年前就想到这点了！

在1926年的一篇文章当中，数学家及哲学家阿尔弗雷德·诺思·怀特海德（Alfred North Whitehead）认为，"力求简洁并加以怀疑"应该是每一位自然哲学家遵循的座右铭。能想到大杜鹃在卵阶段和雏鸟阶段分别用视觉拟态和听觉拟态欺骗寄主，这是多么神奇的一件事啊！但是这样的解释太过简单了。在一周大的时候，大杜鹃雏鸟的乞食叫声确实跟同样日龄的一窝芦苇莺雏鸟的相当。但是随着大杜鹃雏鸟的长大，它的乞食叫声也随之加强。到两周大的时候，它乞食叫声的频率已经等同于两窝芦苇莺雏鸟了。可是，亲鸟依然按照一窝雏鸟的强度饲喂大杜鹃雏鸟。

为什么随着雏鸟的长大，它的乞食叫声会愈来愈快呢？贝姬·基尔纳最先意识到，大杜鹃雏鸟的叫声要比简单模仿一窝寄

主雏鸟的更加微妙，也更为有趣。当芦苇莺饲喂自己的一窝雏鸟时，它们会对视觉线索和听觉线索同时产生回应——所谓视觉线索是指所见到的雏鸟乞食的嘴的总面积，而听觉线索则是指这窝雏鸟发出乞食叫声的频率。亲鸟从视觉线索获取需要多少食物的粗略估计，因为它们可以由此看出多少雏鸟需要饲喂（雏鸟越多，张开的嘴越多），以及雏鸟的日龄（年龄越大，嘴也越大）。它们依靠听觉线索来调整喂食的频率，越是饥饿的雏鸟，乞食叫声就越是急促。因此，如果芦苇莺亲鸟有着更多的，或日龄更大的雏鸟，它们的饲喂就更辛苦。并且假如听到雏鸟乞食叫声更为急促，亲鸟也会加大饲喂强度。

大杜鹃雏鸟是如何利用芦苇莺与其雏鸟间的这种联系的呢？它对食物的需求跟一窝四只的芦苇莺雏鸟相同，问题在于它只有一张乞食的嘴。当然，大杜鹃雏鸟的嘴比单只芦苇莺雏鸟的要大得多。但是却小于四只芦苇莺雏鸟嘴的总面积，而亲鸟正是根据这一点来确定雏鸟所需的食物量。随着雏鸟的成长和体型的增大，单只大杜鹃雏鸟嘴的面积与四只同日龄芦苇莺雏鸟的相比会显得相对更小。为了弥补视觉刺激上日益存在的不足，大杜鹃雏鸟增强了听觉信号。一周大的时候，它的乞食叫声跟一窝四只芦苇莺雏鸟的相当就够了。而到了两周大时，它需要听起来像是八只饥饿的芦苇莺雏鸟在乞食，这样才能促使寄主带回足够多的食物。

因此，大杜鹃雏鸟乞食叫声的伎俩很巧妙，它已经熟悉了寄主在养育自己后代时所综合采用的视觉和声音信号。响蜜䴕雏鸟由于已经用喙上的钩突杀死了寄主雏鸟，所以听起来也会像是几只雏鸟在乞食。急促的乞食叫声或许是被单独抚养的寄生性鸟类雏鸟的惯常把戏。

有时大自然的创造力着实令人惊叹。东京立教大学的田中启太（Keita Tanaka）和上田惠介（Keisuke Ueda）发现，霍氏鹰鹃有一个等效的花招，不过它夸大了乞食展示中的视觉部分。鹰鹃的雏鸟在两翼下方各有一块黄色区域，颜色跟其口裂的一样。当寄主白腹蓝鹟带着食物回巢时，鹰鹃雏鸟往往会将翼下的一块黄斑凑近自己的嘴，看起来巢内就像是有两个嗷嗷待哺的嘴。如果鹰鹃雏鸟非常饿，它就会将两块翼下的黄斑都露出来，这下巢里看起来就有三张嘴了！有时寄主会直接把食物喂给翼下的黄斑。当田中启太和上田惠介将翼下黄斑涂黑之后，发现寄主带回的食物也就变少了。霍氏鹰鹃利用视觉伎俩，可能使自己看起来像是好几只雏鸟，而并非使自己听起来像有好几只雏鸟，是因为寄主的巢容易被依靠听觉搜寻目标的捕食者发现吧。

寄主亲鸟会被如此简单的声音和视觉信号欺骗似乎很令人感到惊讶，因为只要仔细观察就能发现它其实是一只大杜鹃雏鸟，而并非寄主自己的后代。我们可能会骄傲地认为，自己永远不会如此轻易地上当。但其实，我们每天都被广告以同样的方式操控着。在纽卡斯尔大学的一间咖啡屋内，梅利莎·贝特森（Melissa

Bateson）和她的同事利用一个支付饮料费用的诚信箱所做的实验是我最喜欢的一个例子。在这个诚信箱上有条警示牌，提醒所有人应当为饮料付钱。每隔一周，告示上方会添加一张图片，要么是一些花朵，要么则是一双眼睛。平均下来，当展示眼睛图片时，人们会为饮料多付三倍的费用。出乎意料的是，这竟是出于无意识的反应，因为在实验结束之后的汇报时，多数人都声称他们从来就没注意到诚信箱上有图片。警示牌上的眼睛图案也能减少乱扔垃圾和偷盗自行车的行为。

有时我会想象自己跟沼泽里的芦苇莺进行对话的情景。我会问："为什么你们没意识到有只杜鹃雏鸟在巢里面呢？"它们回答道："我们只是对乞食的嘴和叫声做出反应。"随后，它们问我："为什么你们没有意识到其实并没有人真的在看着？那些只是眼睛的图片而已啊。"就像芦苇莺一样，我们时常依赖于快速的、无意识的反应来做出决策，所以我们也会被简单的信号操控。

说服寄主带回足够多的食物只是大杜鹃雏鸟要面临的问题之一。它们同样会面对寒鸦或喜鹊这类的捕食者，有时还会是伶鼬这样的哺乳动物。当捕食者靠近时，多数雏鸟都会蜷缩起来一动不动，希望自己不要被敌人发现。与之相反，大杜鹃雏鸟从一周大左右就开始展现出一些非凡的防御技能。如果你将手伸向它们，它会竖起自己头上的羽毛，并且张开橙色的口裂。然后，突然站起来又猛地蹲下。这对熟悉此展示的有些人来说都会形成视觉冲击，对捕食者而言也肯定是一种有效的威慑。

爱德华·詹纳在他 1788 年的大杜鹃论文当中对此有一段精彩描述：

> 早在离巢之前，大杜鹃雏鸟在受到刺激时，就经常做出一副猛禽的样子，看起来很凶猛，向后退着，会猛烈地啄击呈给它的任何东西，并且同时会像雏鹰一样发出咯咯的声音。有时候，当受到干扰程度稍小时，它会发出一种嘶嘶的声音，同时伴以整个身体的起伏动作。

大杜鹃雏鸟橙色的口裂可能会使得这种威胁展示更为有效。此外，如果被触碰到，它还会排出褐色的恶臭液态粪便。这迥异于正常的粪便 —— 一种白色的且被一个胶质的囊包裹着的粪便，便于寄主叼走清理掉。

为什么大杜鹃雏鸟会演化出如此引人瞩目的防御行为呢？一个原因应该是超长的在巢周期，这将增加它被捕食者发现的概率。芦苇莺幼鸟早在能够飞行之前就离巢了，它们用强健的脚紧紧抓住苇秆活动。这意味着芦苇莺的巢并不是个安全的容身之处，应当尽快地逃离。但是大杜鹃雏鸟必须在巢内待更长的时间，仅仅是因为它需要更多时间来长个儿。第二个原因是，大杜鹃雏鸟响

亮而急促的乞食叫声容易吸引捕食者。显然，这种叫声时常引导我们发现那些已经遭到寄生，但是在卵的阶段就被遗漏了的巢。我们现在见证了大杜鹃雏鸟的另一个奇妙适应，以此来减轻其过度的乞食叫声所造成的代价。

当捕食者靠近一个巢时，亲鸟会发出告警声来提醒雏鸟危险将至。告警声在不同种类之间存在区别，例如芦苇莺发出低音频的"churr"，林岩鹨则是高音频的"tseep"。我们的实验表明，雏鸟只会对本物种的告警声做出回应。因此，当听到播放的芦苇莺告警声"churr"录音时，该种的雏鸟就会停止乞食而蜷缩在巢内，播放林岩鹨的"tseep"叫声时则不会有反应。林岩鹨雏鸟则正好相反，它们对"tseep"叫声有反应，听到"churr"则无动于衷。

这种具有物种特异性的反应不仅仅是经验的结果，因为当把雏鸟放到另一种养父母的巢内进行抚养时，它们也不会对养父母的告警声有反应，而是选择性地只对自身物种的告警声有回应。这表明，刚孵出的雏鸟大脑内已经有了对于自身物种的概念。这使得它们能够从无关紧要的背景声当中，例如其他种类的叫声或植被发出的噪声里，分辨出父母发出的告警声。这也意味着它们能够在危险来临的第一时间内做出恰当的反应。正确的第一反应可能救它们的命。

在威肯草甸沼泽，巢内有一只大杜鹃雏鸟的芦苇莺也会发出"churr"的告警声，就跟它们在保护自己的一窝雏鸟时所做的一模一样。这也进一步地证明了它们并没有认出巢内的冒牌货。我和同事乔阿·马登（Joah Madden）及斯图尔特·布查特（Stuart Butchart）通过播放不同的告警声录音来测试大杜鹃雏鸟的反应。就像芦苇莺自己的雏鸟一样，我们发现，在芦苇莺巢内被养大的大杜鹃雏鸟会对该种的"churr"告警声有反应，而忽略掉其他种类的告警声。作为对芦苇莺"churr"告警声的回应，大杜鹃雏鸟不仅停止了乞食叫声，还会大大张开黄色的口裂，为接下来的防御做好准备。

　　大杜鹃雏鸟为何能对其他物种的告警声做出特别的反应呢？为了检验是否有学习行为包含于其中，我们将一些在芦苇莺巢内刚孵化出的大杜鹃雏鸟换到了林岩鹨或欧亚鸲巢内，然后等到六天大的时候测试它们对于告警声的反应。令人惊讶的是，它们对这些新养父母的告警声并无反应，而只对芦苇莺的"churr"叫声有回应。这表明，专性寄生芦苇莺的大杜鹃族群就跟芦苇莺自己的雏鸟一样，已经提前预适应了芦苇莺的告警声。这种预适应可能必不可少，能使大杜鹃雏鸟在第一次听到告警声时就做出正确的反应。捕食者靠近时，依然在乞食的行为可能引发致命的后果，大杜鹃雏鸟所犯下的第一个错误或许就真成了最后一个。因此，专性寄生芦苇莺的大杜鹃有着拟态很好的卵和预适应寄主告警声的雏鸟。我们还需要对专性寄生其他寄主的大杜鹃族群进行类似的检验。

大杜鹃需要特殊的乞食技巧完全是由它自己造成的。通过排挤掉寄主巢内的所有卵和雏鸟，它确保获得了寄主饲喂的全部食物。但凡事都有其代价，大杜鹃雏鸟也要独自承担所有从养父母那里乞求食物的工作。其他的寄生性杜鹃则会面临截然相反的问题：它们的雏鸟不会排挤寄主的雏鸟，因此能够借助寄主雏鸟的乞食叫声刺激养父母带回足够多的食物。不过，一旦食物来了，它们将会跟寄主雏鸟竞争。

在西班牙南部对大斑凤头鹃及其主要寄主喜鹊所进行的研究，很好地揭示了其他的寄生性杜鹃雏鸟如何与寄主雏鸟竞争的问题。大斑凤头鹃雏鸟并不会排挤寄主的卵或雏鸟，所以会跟喜鹊雏鸟在一个巢内接受喂养。多只雏鸟发出的乞食叫声刺激喜鹊父母带回更多的食物，比巢内仅有一只凤头鹃雏鸟时要多。凤头鹃雏鸟这时会利用两个花招来诱使喜鹊寄主更多地饲喂自己，从而很好地利用了养父母带回巢的多余食物。

格拉纳达大学的曼努埃尔·索莱尔（Manuel Soler）及其同事发现了大斑凤头鹃的第一个花招：该种雏鸟的口腔上壁有着白色的乳突，对寄主有着很强的吸引力。科托·多尼亚纳生物研究站的托马斯·雷东多（Tomas Redondo）及其同事则发现了第二个花招，即凤头鹃雏鸟会近乎夸张地提高自己的乞食叫声，使其听起来像是一只特别饥饿的雏鸟。随着饥饿程度的加剧，喜鹊雏鸟会逐渐增加乞食强度，嘴会越张越大，叫声也越来越急促。与之相反，即便是刚刚填饱了肚子，凤头鹃雏鸟还是会以最大的强度发出乞食叫声。结果导致凤头鹃雏鸟获得了大多数的食物，长成巢内体型最大的雏鸟，却依旧仿佛饥肠辘辘般地叫着。这种乞食的表演实在是令人不安，以至于雷东多实验室的一位访客坚决要求托马斯每隔几分钟就喂这只"被饿坏了的"凤头鹃雏鸟一次，直到她发现自己被骗了为止。

喜鹊父母为什么会偏好一只体型大而且看起来依然饥饿的雏鸟呢？实际上在没有遭到巢寄生的正常状态下，这样的偏好很有道理。喜鹊会根据食物的可获取性来调整雏鸟的多少，食物短缺时最小的雏鸟就会被饿死。亲鸟会首先饲喂体型最大的雏鸟，只有喂饱了最大的雏鸟之后，才会去喂次大的那只。如果食物不够，最小的雏鸟很快会饿死，最终养大的是少数的健康雏鸟。如此处理比将稀少的食物平均分给所有雏鸟要好——孱弱的雏鸟数量虽多，但最后可能都会夭折。

大斑凤头鹃以夸张的乞食叫声来利用喜鹊育幼时的这一特点。面对一只似乎永远都吃不饱的大个儿雏鸟的刺激，喜鹊父母受骗上当，将它们好不容易找来的食物大多都喂给了这只雏鸟，即便自己的骨肉就在一旁饿死，依然如是。

第 11 章

选择寄主

◎ 2014 年 5 月,诺福克北部的霍姆,一只大杜鹃雄鸟正被一对草地鹨围攻。

　　塞耳彭是吉尔伯特·怀特出生、去世，以及担任教区牧师的汉普郡村庄。《塞耳彭博物志》这本书从 1789 年首次面世至今一直都在出版发行。该书有着超过 200 个版本及译本，被认为是继《圣经》、莎士比亚剧作和约翰·班扬（John Bunyan）的《天路历程》（*The Pilgrim's Progress*）之后，英语世界发行数量第四大的书籍。

　　这本书是怀特跟朋友通信的汇编，其中一位是当时最好的动物学家托马斯·彭南特（Thomas Pennant），另一位则是律师、探险家和博物学家戴恩斯·巴林顿（Daines Barrington）。基于自己对该教区天气和动植物的日常观察，怀特在这些信件当中对这些自然事物进行了精准且往往饱含深情的描述。当其他博物学家到国外旅行、采集标本（通常需要射猎）的时候，怀特却从未涉足过德比郡以外的地方，正如他的传记作者理查德·梅比（Richard Mabey）曾评价的，"萨塞克斯丘陵的规模令他印象深刻，以至于他将其称为一望无际的山脉"。

　　吉尔伯特·怀特带着自己的笔记本到野外去观察活生生的动

物和植物，而并非收集和描述死气沉沉的标本，也因此成了英国的第一位生态学家。他写道：

　　动物学家们太容易默许对于物种干瘪的描述和一些类似的工作。原因很简单，在一个人的书房里面就能完成这些事情，而对我们身边动物的生活和社交开展调查则要麻烦和困难得多。只有那些多数时间居住在这个国家，活跃且好奇的人才能获取这些知识。

　　在该书的前言里面，怀特赞许地说，"静下来的人才会更为关注创世的奇迹，关注那些经常被当作普通存在而忽略的事物"，并总结道："人的这些追求，经由保持身体和心灵的活跃，在上帝的庇佑下会促进精神上的健康和愉悦，甚至到老了依然如此。"吉尔伯特·怀特在塞耳彭村度过了一生中大约 60 年的时光。他于 1720 年 7 月 18 日就出生在教区牧师的住宅里，1793 年 6 月 26 日则在相距 100 米之外的"韦克斯祖宅"（The Wakes）内与世长辞。他所写的这些书信表明，待在一个地方确实是观察自然界变化的一种很好的方式。

　　《塞耳彭博物志》当中频繁提到大杜鹃。在 1770 年 2 月 19 日写给戴恩斯·巴林顿的第四封信里，吉尔伯特·怀特就思考了大杜鹃是如何选择寄主的问题：

你观察到："大杜鹃并不会将自己的卵不分青红皂白地就产在遇上的第一个鸟巢里面，而是可能寻找一个某种程度跟自身有相似之处的保姆，以便托付自己的后代。"这一点对我来说完全是闻所未闻，并且形成了强烈的冲击。我自然而然地陷入了思考，让自己去想事实究竟是不是如此，以及这样的原因是什么。当我回忆以及询问的时候，发现只在白鹡鸰、林岩鹨、鹨（草地鹨或林鹨，怀特并未区分这两种鹨——尼克·戴维斯注）、灰白喉林莺和欧亚鸲的巢内见过大杜鹃。这些全是食虫鸟……大杜鹃的这一行径……是对大自然最初的指令之一——母爱的可怕践踏，也是对其本能的一种暴力违背。这种情况如果只是发生在巴西或秘鲁的某种鸟身上，就永远不会被我们相信是真的。但是，大杜鹃这种鸟在失去了自然的母性本能之后……可能依然具有某种更为强大的能力，可以辨别出哪些鸟种作为照料自己卵和雏鸟的养母更为合适，并且能够只在这些鸟类的巢中产卵。这真是奇上加奇了。

爱德华·詹纳在自己有关大杜鹃的著名论文发表几年之后，也曾撰文评价过该种对于寄主的选择性，指出其主要的三种寄主是林岩鹨、白鹡鸰和鹨（草地鹨或林鹨）。他曾观察过一对鹨饲喂其巢内的一只大杜鹃幼鸟，并说："鉴于大多数人并不太熟悉这种鸟……为了亲自弄明白它们的真实身份，我就采集了这一对寄主，鉴定出它们确实是鹀。"詹纳认为，大杜鹃选择小型鸟类作为寄主，部分原因在于小型鸟类数量更多，因而也有更多的巢可供寄生。同时，也因为在大型寄主的巢内，"大杜鹃雏鸟可能会发现想要独占巢会遇到难以克服的困难，它将没办法排挤掉寄主的所有雏鸟"。

近来的研究已经确证了詹纳关于大杜鹃选择数量更多的种类作为寄主的观点。在英国，大杜鹃目前偏好的三种寄主也正是各自栖息环境当中最为常见的种类之一。生活在沼泽里的芦苇莺、高泽地上的草地鹨，以及农田和灌木丛中的林岩鹨都有对应的大杜鹃族群去专性寄生。欧亚鸲和白鹡鸰这样常见的英国大杜鹃寄主，也都是数量相当多的种类。然而，大杜鹃明显回避了另外一些同样常见的种类，这些鸟的巢适于寄生，它们的食谱也适合喂养大杜鹃雏鸟。为何大杜鹃不去寄生它们呢？

例如，在农田和灌木丛环境中，欧乌鸫的数量通常会大于林岩鹨和欧亚鸲。怎么就没有专性寄生欧亚鸲的大杜鹃族群呢？托马什·格里姆和他的同事在捷克和匈牙利开展了野外实验，想要回答这一问题。他们取出芦苇莺或大苇莺巢内孵出不久的大杜鹃雏鸟，再将这些雏鸟一一放入欧乌鸫正在孵化的巢里面。大杜鹃雏鸟很快就排挤掉了欧乌鸫的卵，因此它们完全能够胜任从比正

常情况下更大的巢内推出更大一些鸟卵的工作。但是，欧乌鸫亲鸟并不愿意饲喂巢中的大杜鹃雏鸟，没过几天这些实验中的雏鸟就都饿死了。欧乌鸫其实很乐意抚养自己单只的雏鸟长大，所以并不能用它们会排斥唯一的雏鸟来解释。

研究者们接下来在欧歌鸫的巢内进行了实验，这也是一种大杜鹃并未利用的潜在寄主。令人惊讶的是，大杜鹃又遇上了另外的麻烦。欧歌鸫的巢比欧乌鸫的更深，巢内壁不仅更为陡峭，而且用泥土做了内衬，这使得大杜鹃雏鸟在这坚硬且光滑的表面难以立足，完全没有办法排挤掉寄主的卵。进一步的实验表明，在欧歌鸫的巢内，大杜鹃同样不能排挤掉芦苇莺的卵。因此，并不是由于欧歌鸫的卵更大，而是它们陡峭且光滑的巢内壁阻止了大杜鹃的寄生。然而，如果研究者们直接移除欧歌鸫的卵，就会发现大杜鹃雏鸟会被养父母喂养得非常好，甚至比在原本的芦苇莺巢里还要好。所以，欧歌鸫亲鸟提供的以蚯蚓为主，再加上一些蜗牛的食谱对于喂养一只大杜鹃雏鸟来说完全没有问题。最后，格里姆他们还做了将大杜鹃雏鸟放入一窝欧歌鸫雏鸟里的实验，结果这些雏鸟在跟寄主雏鸟的竞争当中表现很差，没有一只存活到出飞阶段。

上述实验表明，大杜鹃不去寄生欧乌鸫，是因为欧乌鸫根本就不会饲喂杜鹃雏鸟。现在仍不清楚为什么欧乌鸫会如此反应。欧乌鸫主要用蚯蚓饲喂雏鸟，对欧歌鸫进行的实验已证明类似的食谱适合大杜鹃的雏鸟。因此，问题并不出在食物方面。或许是大杜鹃雏鸟的乞食叫声并不能有效激起欧乌鸫亲鸟的反应？而大杜鹃回避欧歌鸫则是出于完全不同的原因。如果大杜鹃雏鸟是欧歌鸫巢内唯一的雏鸟，就可以被成功地养大。但它自己不能从巢壁光滑的深巢内排挤掉寄主的卵，也没法在跟寄主雏鸟的竞争当中胜出。

大杜鹃通常会回避的其他潜在寄主又是什么情况呢？用大杜鹃模型卵进行的模拟寄生实验显示，有些种类对于跟自己卵差异很大的卵表现出强烈的排斥。例如，芦鹀、黑顶林莺、林鹨、苍头燕雀、斑鸫和欧柳莺就属于这种情况。上述鸟种的许多个体甚至表现出比大杜鹃所偏好的寄主种类更为强烈的排斥行为。它们是如何演化成这样的呢？我们已经见识过了由于不适宜的食物或难于接近的巢，那些从未与大杜鹃有过"军备竞赛"的种类会接受跟自己的卵差异很大的卵。这点也就暗示，对卵的强烈排斥必定是由对大杜鹃过去寄生行为的回应而演化出来的。因此，这些种类可能是大杜鹃曾经的寄主，它们仍带有自己祖先很久以前与大杜鹃展开的"军备竞赛"的烙印。就像我们人类仍保留着的智齿和阑尾，也都是源自我们的祖先一样。

假如上述解释是正确的话，我们不禁又会发问：专性寄生这些有着强排斥行为之种类的大杜鹃族群如今怎么灭绝了呢？有一种可能性是，寄主们演化出优异的卵识别特征和高效的卵排斥行

为，导致寄生它们的大杜鹃族群骗术破产，如此一来，寄主们便赢得了"军备竞赛"。另一种可能是，这些大杜鹃族群由于某些生态原因而走向了灭亡。或许这些寄主在过去数量更多，而它们密度的降低就意味着它们不再适于作为大杜鹃的寄生对象。在这样的情况下，相应的大杜鹃族群无论有多么适应其寄主，由于其所占据的生态位的消失，最终都难逃灭绝的命运。如今这些寄主不再被大杜鹃寄生，它们的卵识别特征和排斥卵的行为也可能逐渐丧失。果真如此的话，它们可能再次成为大杜鹃的目标，"军备竞赛"的战火也将再度燃起。

这又将我们带回到一个悬而未决的问题：这些适应于不同寄主，有着特定卵色类型的大杜鹃族群是如何保持其独特性的呢？这一问题甚至从埃德加·钱斯时期就开始被讨论，最为可能的解释是，大杜鹃雌鸟通过遗传继承了它所产卵的类型，并且在雏鸟或幼鸟阶段学习到了养父母特征，因而能有选择性地寄生将其养大的寄主种类。例如，被芦苇莺养大的一只大杜鹃雌鸟会对其养父母产生印痕，成年之后会去寄生芦苇莺。它的亲生母亲所产下的绿色卵显然骗过了其养父母，而它即是明证。因此，如果它也继承了同样的绿色卵，并且选择芦苇莺作为寄主，那么寄生者与寄主间在卵上的匹配将在不同的世代之间传递下去。

我们尚不确定大杜鹃的卵色和图案是否可以遗传，但这点在其他鸟类当中已经得到证实，因此对大杜鹃而言极有可能也是如此。[①]同样，我们也不知道大杜鹃是否会对其寄主产生印痕。埃德加·钱斯本人就曾试图确定大杜鹃雌鸟会不会选择养育了自己的义亲种类作为寄生对象。1923 年，他从庞德·格林公地周边收集到了 17 枚大杜鹃卵及刚孵出的雏鸟，然后将它们放入草地鹨、黑喉石䳭或云雀的巢内。他环志了其中存活到出飞离巢阶段的 9 只大杜鹃幼鸟，希望这些个体能够再返回公地繁殖。不过，他再也没见到过这些环志的大杜鹃。20 世纪 70 年代，伊恩·怀利在自己的研究地环志了很多被芦苇莺抚养的大杜鹃雏鸟，但也没能再遇上回来繁殖的环志个体。1987 年及 1988 年，迈克尔·布鲁克和我尝试了一种不同的方法，我们在圈养环境下用欧亚鸲或芦苇莺作为寄主来抚育大杜鹃。然而成年之后，这些大杜鹃却毫无进行繁殖的迹象，因此我们也就没法确定它们是否对自己的寄主种类产生了印痕。大量艰辛的努力全都付之于东流。

在另一项针对圈养大杜鹃的研究当中，维也纳大学的伊冯娜·托伊施尔（Yvonne Teuschl）、芭芭拉·塔博尔斯基（Barbara Taborsky）和迈克尔·塔博尔斯基（Michael Taborsky）在五种不同

---

① 2016 年发表的一项研究指出，欧洲地区所有已知产蓝色卵的大杜鹃雌鸟，都属于约 260 万年前起源自亚洲的一个古老支系，而产蓝色卵这一性状特征的确是伴随雌性性别遗传的。——译者注

"栖息地"中人工抚养大杜鹃雏鸟——所谓"栖息地",其实是一些鸟笼,笼子里装有不同颜色和形状的物品。当这些大杜鹃在一两年之后长大,经过测试表明,无论雌雄都偏好选择它们所熟悉的"栖息地"。这项研究显示,对所处栖息地产生的印痕,有可能增加了大杜鹃遇见在类似环境下抚养自己长大的寄主种类的机会。但是,即便处在同一栖息地之内,也会有好几种潜在的寄主种类,所以就寄主的外表、鸣声或巢产生印痕,对于优化寄主的选择无疑是必要的。

尽管依然没有直接的证据表明大杜鹃会对寄主产生印痕,最近的实验显示,这种情况的确存在于其他的寄生性鸟类之中。在非洲生活着维达雀属(*Vidua*)的 19 种成员,它们都具有巢寄生习性,会将卵产在梅花雀科(Estrildidae)鸟类的巢内。作为寄主的梅花雀科成员,每种的雏鸟口中有着极其鲜明的特征性图案。而每一种维达雀都专性寄生特定的一种梅花雀。维达雀的雏鸟会和寄主的雏鸟一起长大,其口中的图案也高度拟态后者。

靛蓝维达雀是广布于撒哈拉以南非洲、被人们研究得较为透彻的一种鸟类。它个头稍小于麻雀,雄鸟有着带金属光泽的蓝黑色羽饰,雌鸟则为棕色,上体还带有许多纵纹。靛蓝维达雀专性寄生红嘴火雀。如果你找到一个被寄生了的红嘴火雀巢，很难从中分辨出哪只是靛蓝维达雀的雏鸟。因为，它跟寄主的雏鸟长得几乎一模一样。红嘴火雀雏鸟的口腔为鲜艳的橙色，喙的边缘有着异常醒目的白色凸起和蓝色斑点，口腔的上壁还点缀着黑色斑点。跟寄主卵壳上醒目的特征性斑纹一样，口腔里这些明艳的图案也专属于红嘴火雀。可是，靛蓝维达雀的雏鸟几乎完美地拟态了红嘴火雀这种复杂的口腔图案。密歇根大学的罗伯特·佩恩及其同事将其他种类的雏鸟放入红嘴火雀的巢内，以此来测试亲鸟对于不同类型的雏鸟口腔图案会做何反应。结果发现，红嘴火雀亲鸟并不愿意饲喂跟自己雏鸟图案差别很大的异种雏鸟。因此，靛蓝维达雀雏鸟口腔的拟态对于它们能够被养父母一视同仁地喂养至关重要。

所以，靛蓝维达雀雌鸟必须保证自己只去寄生红嘴火雀，其雏鸟的拟态决定了这是唯一正确的选择。只跟同种的雄鸟交配也显得同样重要，这样才能保证自己的雏鸟具有正确的口腔图案拟态。假如靛蓝维达雀雌鸟跟其他种类的维达雀雄鸟结为连理，它的杂交后代可能就会有不一样的口腔图案，从而很难成功寄生红嘴火雀。不过，由于很多种维达雀雄鸟看起来都差不多，所以靛蓝维达雀雌鸟的配偶选择并不像其他鸟类那样简单明了。它们如何解决在配偶选择和寄主选择上所面临的问题呢？

罗伯特·佩恩和同事在圈养条件下进行了实验，他们将靛蓝

维达雀的卵放入家养的白腰文鸟巢中孵化。生活在非洲的靛蓝维达雀肯定不可能将自然分布于亚洲的白腰文鸟当做寄主。实验中的另一些靛蓝维达雀的卵则交由其正常的寄主红嘴火雀来抚育。当这些靛蓝维达雀雏鸟长大成年之后，它们被放入一个有着多种寄主种类的鸟舍中饲养。结果发现，被红嘴火雀养大的靛蓝维达雀雌鸟会选择寄生其正常的寄主，而被白腰文鸟养大的则会去寄生白腰文鸟。这个实验很好地确证了靛蓝维达雀雌鸟的寄主选择是通过对养育自己寄主种类的印痕得以实现的。

然而，这个实验中更耐人寻味的故事发生在靛蓝维达雀雄鸟身上。尽管这些雄鸟在具体选择哪种鸟的巢来产下寄生卵方面没有发挥任何作用，但是靛蓝维达雀雄性雏鸟在寄主巢内时就学会了抚养自己的义亲所在种类的鸣唱，由此也影响到了它们成年之后的行为。由红嘴火雀养大的靛蓝维达雀雄鸟的鸣唱，跟由白腰文鸟养大的截然不同。因此，当实验中的一只靛蓝维达雀雄鸟鸣唱时，你就知道它是由哪种寄主抚养长大的了。

靛蓝维达雀雌鸟不会鸣唱，但它们无疑也对寄主种类的鸣唱产生了印痕，因此会偏好与那些能发生寄主一样鸣唱的靛蓝维达雀雄鸟交配。由此，靛蓝维达雀雌鸟保证了能够与被相同寄主种类抚养大的雄鸟结为连理，也可以说对寄主的印痕同时决定了雌鸟的寄主选择与配偶选择。这样也就导致了配对的雌雄靛蓝维达雀都专性寄生同一种寄主，也使得它们雏鸟口腔图案对寄主雏鸟的拟态能一代代传递下去。

若能在大杜鹃身上进行类似的实验那就太好了。但是，跟雀类相比，饲养大杜鹃要困难得多。米丽娅姆·罗斯柴尔德（Miriam Rothschild）[①]曾在 20 世纪 60 年代人工喂养大了一些大杜鹃，当迈克尔和我向她请教相关事宜的时候，她就提醒说，大杜鹃很难饲养。实际上，她建议我们彻底放弃研究大杜鹃对寄主的印痕，转而将它们作为研究精神分裂的模式动物！她告诉我们，当大杜鹃雏鸟被人或寄主饲喂时，会表现得非常驯服，对周遭发生的一切都处之泰然。可是她警告道，一旦它们羽翼丰满到可以独立生活之后，在短短几小时内就会性情大变，变得狂野而易怒。或许我们真应该听从她的建议，就不会再去做一个徒劳无功的实验。

野外实验是检验寄生鸟类对寄主印痕的替代研究方案。例如，可以将一些大杜鹃雏鸟从芦苇莺的巢内移到蒲苇莺的巢内。我们预计，这些对错误寄主产生印痕的大杜鹃，等到第二年返回繁殖

[①] 米丽娅姆·罗斯柴尔德（1908—2005），英国昆虫学家，欧洲著名财团罗斯柴尔德家族成员。她的父亲查尔斯·罗斯柴尔德（Charles Rothschild，1877—1923）是昆虫学家，以对跳蚤的研究而闻名。她的伯父沃尔特·罗斯柴尔德（Walter Rothschild，1868—1937）则是世界著名鸟类学家。——译者注

地时，就会去寄生蒲苇莺了。尽管大杜鹃会返回自己的出生地附近繁殖，但想要在第二年夏天找到这些实验个体却绝非易事。它们通常会在距离自己出飞的巢 10 到 20 千米的范围内活动。如今，适用于鸟类的卫星追踪技术已经日趋成熟，因此有可能在出飞离巢之前就给大杜鹃幼鸟戴上追踪天线。即便如此，开展类似的研究也需要追踪大量的个体才行，因为大杜鹃幼鸟的死亡率很高，第二年能够返回繁殖地的并不多。

我认为，就跟巢寄生的维达雀一样，大杜鹃的确会对它们的寄主种类产生印痕，而这也解释了不同族群的大杜鹃如何保持其独特性。尽管还没有大杜鹃对寄主产生印痕的直接证据，我们确实知道，不同的雌鸟个体在产卵时对寄主种类通常都很挑剔。我们从埃德加·钱斯在庞德·格林公地所做的研究就能看到相应的证据。虽说在同一块栖息地内还有着其他的潜在寄主种类，"雌鸟A"及其继任者几乎就只偏好于寄生草地鹨。钱斯还在一个夏天内收集到了专性寄生斑鹟的一只大杜鹃雌鸟所产的 9 枚卵，又从另一只专性寄生黄鹀的雌鸟那里收集了 14 枚卵。斑鹟和黄鹀在公地里并不常见，也是大杜鹃不太常利用的寄主，这就意味着上述两只雌鸟肯定忽略了它们领域内很多其他的潜在寄主种类。

近来的研究还显示，即便在同一类型的栖息地当中，大杜鹃雌鸟对寄主也表现出了很高的选择性。捷克科学院的马塞尔·洪扎和同事在两片沼泽里对大杜鹃及其寄主进行了研究。他们利用无线电遥测来确定所追踪的雌鸟在何处产卵，再运用 DNA 图谱检测技术来确定大杜鹃雏鸟的亲生母亲是谁。这是一项极其有价值的研究，因为在其中一片沼泽里生活着三种苇莺，另一片当中则生活着四种苇莺。苇莺们的外形极为相似，而在同一只大杜鹃雌鸟的领域内就会有多个不同种苇莺的巢。换句话说，一只大杜鹃雌鸟站在一个观察点就能同时监测到三到四种寄主苇莺的繁殖活动。尽管如此，洪扎他们所追踪的总计九只雌鸟里面有七只仅寄生一种寄主。其中，有两只专性寄生芦苇莺，一只寄生大苇莺，三只寄生湿地苇莺，一只寄生蒲苇莺。在同一类型栖息地中如此明显的寄主专一性，强烈地表明了大杜鹃雌鸟对其寄主存在印痕。

生活在日本中部长野市郊区千曲川河畔的大杜鹃同样也具有寄主选择上的专一性。中村浩志不辞辛劳的出色野外工作，再结合加拿大麦克马斯特大学卡伦·马尔凯蒂（Karen Marchetti）和莱尔·吉布斯（Lisle Gibbs）实验室的专业知识，所形成的 DNA 图谱最终确定了 98 只大杜鹃雏鸟的母亲是谁。结果发现，研究区域内 24 只大杜鹃雌鸟中的 22 只仅寄生了一种寄主。其中，16 只雌鸟寄生了东方大苇莺，另有 6 只则寄生了灰喜鹊。

因此，有很好的证据显示，即便在有着非常相似寄主种类存在的情况下，大杜鹃雌鸟还是会专性地寄生某种特定的寄主。这

也表明，大杜鹃雌鸟对寄主的某种特征产生了印痕。那么，雄鸟又是什么情况呢？经过了一个世纪的猜测与推想，我们对此依然困惑不解。

一种可能的解释是，不管雌鸟的寄主偏好如何，大杜鹃雄鸟都会和自己遇到的任何雌鸟交配。在千曲川河区域的研究当中，DNA 图谱也被用来进行父权确认。当地占总数 37%，即 19 只雄鸟中的 7 只在一种以上的寄主巢内有着后代。因此，它们一定跟专性寄生不同寄主的雌鸟都有过交配。在英国低海拔地区对大杜鹃所做的分子遗传分析也显示，雄鸟往往会跟有着不同寄主偏好的雌鸟交配。但是，这下我们就会面临一个问题：在雄鸟与雌鸟自由交配的情况下，不同雌鸟族群独特的卵色类型如何得以维持呢？

至少从理论层面来讲，答案是：卵色类型可能受到了雌鸟的遗传控制。1933 年，还处于埃德加·钱斯的时代，剑桥大学的遗传学教授雷金纳德·庞尼特（Reginald C. Punnett）就提出了这一假设。由于鸟类的性别决定机制，这种观点确有可能成立。鸟类和哺乳类后代的性别均是由其所遗传的性染色体来决定的。哺乳类雌性有着两条 X 染色体（XX），因此它们所有的卵细胞当中都含有一条 X 染色体。而雄性则有一条 X 染色体和一条 Y 染色体（XY），所以其精子要么带有一条 X 染色体，要么带有一条 Y 染色体。由此，后代的性别就由父亲来决定：如果一个含 X 染色体的卵细胞由一个带有 Y 染色体的精子受精，其后代就为雄性（XY）；反之，若是由一个带 X 染色体的精子受精，后代就会是雌性（XX）。

在鸟类当中，情况正好相反。雌鸟有两种性染色体（WZ），因此其卵细胞要么带有一条 W 染色体，要么带有一条 Z 染色体；雄鸟则有两条 Z 染色体（ZZ），所以其精子就都含有一条 Z 染色体。如此一来，就是由雌鸟来决定后代的性别了：带有 W 染色体的卵细胞受精之后，就会产生雌性（WZ）；而带有 Z 染色体的卵细胞受精后，则会产生雄性（ZZ）。如果卵色是由位于 W 染色体上的基因所决定，那么女儿就会一直产下跟母亲相同类型的卵。当然，并非所有影响卵色的基因都需要位于 W 染色体之上。多数基因可以位于来自双亲的其他染色体，只要源自母亲的 W 染色体上的基因能决定其他的基因何时表达即可。这些基因表达就会产生像芦苇莺般的绿色卵，那些基因表达则会产生拟态草地鹨的棕色卵，诸如此类。

在这种情况之下，仅有大杜鹃雌鸟会属于不同的族群。由于雄鸟不会影响其女儿所产的卵色，因此可以跟任意族群的雌鸟交配。实际上，这种交配机制维系了大杜鹃作为一个物种的存在。这也很好地解释了为什么不同族群的大杜鹃看起来长得都一样。例如，专性寄生芦苇莺或草地鹨的大杜鹃在外形上并没有差异，只是雌鸟所产的卵色类型有所不同。

至今仍没有人研究大杜鹃卵色及其图案的遗传。然而，在其他鸟类当中，源自父亲和母亲的基因对卵色都有着同等效力的影响。这是真的，例如非洲的黑头织雀，我们已经看到，其在卵色和斑点上所具有的令人惊异的变异程度，使得不同个体都能够识别自己的卵。如果像其他种类一样，双亲的基因都会影响到卵色，那么大杜鹃雌鸟就不仅要专性寄生抚养其长大的寄主，还必须只和由同一种寄主养育大的大杜鹃雄鸟交配，否则其后代中卵对寄主的拟态就会消失。在这种情况下，大杜鹃的不同族群就会出现遗传隔离，彼此之间仿佛是不同的物种。

最近，来自挪威奥斯陆先进研究中心的弗罗德·福苏瓦（Frode Fossøy）及其同事在保加利亚西北部进行了一项研究。他们研究了分别被三种寄主抚育的大杜鹃雏鸟的 DNA，结果发现，即便都生活在同一片很小的区域内，大杜鹃的族群有时确实也存在着遗传隔离。三种寄主分别是：在草本植被内繁殖的湿地苇莺、在芦苇荡中繁殖的大苇莺和在灌木草地内繁殖的黍鹀。在一片约 10 平方千米的区域内，上述三类栖息地环境呈斑块状的镶嵌分布，所以寄生三种不同寄主的大杜鹃肯定都在同一区域里面游荡。然而，分别由三种寄主抚育的大杜鹃之间具有明显的遗传差异。这表明，在这一地区内尽管存在混交的现象，但交配通常发生于由同一寄主物种养大的大杜鹃雌鸟和雄鸟之间。

一只大杜鹃雌鸟是如何分辨一只雄鸟源于自身族群的呢？一种可能性是，不同族群的大杜鹃在鸣声上有着细微的差异。吉尔伯特·怀特本人就率先提出，声音上的差异如同外观上的差异一样可以成为物种的特征。尽管它们从外形上看起来非常相似，他是最早意识到英国有着三种柳莺的人。这些如今被置入柳莺属（*Phylloscopus*）[①]的黄绿色小鸟，飞舞在夏日的枝叶间，忙于捕食小型昆虫。1768 年 8 月 17 日，在《塞耳彭博物志》中给托马斯·彭南特的第 14 封信里，怀特写道：

如今我已理清了头绪，认出这里有三种不同的柳莺，它们总是不断地、无一例外地唱着特征性的音节……我眼前就摆着这三种柳莺的标本，可以看出它们依体型大小分为三档：个体最小的跗跖黑色［叽喳柳莺］，另两种的跗跖则为肉色［欧柳莺和林柳莺］。羽色最黄的那种体型也最大……会发出类似蝗虫般的声音［这是林柳莺］……雷这样伟大的鸟类学家，从来没想过竟会有三种柳莺。

———————————

① 柳莺属由德国鸟类学家恩斯特·哈特尔特于 20 世纪初建立，所以吉尔伯特·怀特所处时代还没有今天所称的柳莺这一概念。本页第二段方括号内的种类和名称，也是尼克·戴维斯依据现今的分类学进行的划分。——译者注

三年后的 1771 年 8 月 1 日，吉尔伯特·怀特在给戴恩斯·巴林顿的第 10 封信中指出，尽管大杜鹃只发出简单的两音节叫声"cuck-oo"，人们有时也能根据叫声上的差异来分辨不同的雄鸟。

我的一位邻居据说有着敏锐的听力……他发现，经过仔细分辨，不同的大杜鹃个体发出的音调存有差异。他认为，在塞耳彭树林里的大杜鹃叫声的音调基本在 D。他听过两只一起鸣唱时，一只的音调在 D，另一只却升高了半个音，由此组成了不太搭配的协奏……而沃尔默树林里的某些大杜鹃鸣唱的音调则在 C。

大杜鹃不同族群之间是否存在着鸣声上的细微差异？截至目前，仅有匈牙利自然博物馆的蒂博尔·富伊扎（Tibor Fuisz）及荷兰莱顿大学的塞尔维洛·德·科尔特（Selvino de Kort）所做的一项研究关注了这个问题。他们在匈牙利录制了 142 只大杜鹃雄鸟的鸣声：一部分录制于树林，生活在这里的大杜鹃主要寄生欧亚鸲；另一部分则录制于芦苇荡，生活在这里的大杜鹃则主要寄生大苇莺。为控制鸣叫声中可能存在的地理差异，他们将相邻的树林和芦苇荡栖息地中大杜鹃的鸣声加以比较，同时选取了来自匈牙利北部、南部和东部彼此相距至少 200 千米以上三个地区的大杜鹃种群来进行录音。结果，上述三个地区大杜鹃的叫声确实存在细微的差别，主要体现在持续时间和第一个音节"cuck"的音调上面。不过最大的区别却在于，在两种栖息地之间，相比于生活在芦苇荡的大杜鹃，树林中大杜鹃的第二个音节"oo"要明显低沉些。

这些发现非常有趣。显然，大杜鹃的叫声比我们最初认为的简单两音节"cuck-oo"要复杂，但不像吉尔伯特·怀特发现其实有着不止一种柳莺那样，我们现在就宣称"真相大白"还为时过早。有可能叫声并非大杜鹃族群的确定标记。低频的叫声在茂密的植被中传播更远，不同个体的大杜鹃或许只是针对所处的环境调整了自己的叫声而已。就算大杜鹃雄鸟的叫声的确标识了它的族群，依然有待证明雌鸟是否会根据这种鸣声上的差异来选择配偶，以及这一结果是否会导致由同种寄主抚养大的雌鸟和雄鸟之间进行交配。

也许我们目前对于大杜鹃族群的本质感到困惑，是因为它们的不同种群在交配行为上存在差别。在有的地方，相应的族群可能已经有了遗传隔离，从而最好被视为不同的亚种，或许它们正处于演化为不同物种的进程之中。1954 年，即五十多年前，牛津大学的亨利·萨瑟恩（Henry N. Southern）就指出，占据大片连续生境的大杜鹃族群，有着最好的寄生卵拟态。例如，匈牙利芦苇荡中寄生大苇莺的族群，以及斯堪的纳维亚森林里寄生欧亚红尾鸲的族群。在这样的环境里，同一族群的雌雄大杜鹃有很多相遇并交配的机会；相反，在其他更多受到人类活动影响的区域，萨

瑟恩注意到，大杜鹃卵的拟态通常就要差一些。他认为，这是由于栖息地被破碎化而成了小块区域，使得大杜鹃雄鸟往往会遇到其他族群的雌鸟，这样的混交扰乱了卵对寄主的拟态。

日本长野市郊千曲川河畔以及英国低海拔地区的研究都显示，在被人类广泛改造了的区域内，大杜鹃雄鸟通常会跟一个以上族群的雌鸟交配。这些发现支持了萨瑟恩的观点。或许，随着我们继续破坏自然的栖息地，大杜鹃生活的自然景观进一步破碎化，就将在欧洲的很多地方缓慢地消灭掉大杜鹃的不同族群。

大杜鹃的不同族群最初是如何演化的呢？现在我们可以将本章提到过的各项研究汇总起来，以便给出一个可能的事件发生顺序。尽管不同的大杜鹃雌鸟肯定有着各自偏好的寄主种类，但在其主要寄主的巢难以利用的时候，它们也会寄生其他的种类。例如，埃德加·钱斯所研究的大杜鹃雌鸟在找不到合适的草地鹨巢的情况下，有时会将卵产在云雀或黄鹀的巢内。阿尔内·莫克斯内斯和埃温·罗斯卡夫特通过研究博物馆内收藏的寄主卵，估计在大约5%~10%的情况下，大杜鹃雌鸟将卵产在了"错误"的寄主巢内。中村浩志在日本用无线电信号追踪的大杜鹃雌鸟，则会将其8%的卵产在替代寄主的巢内。

　　大多数产在"错误"寄主巢内的寄生卵都没有好结局。例如，赤胸朱顶雀用种子饲喂自己的雏鸟，因此它们从来都养不活大杜鹃雏鸟至出飞离巢。尽管如此，赤胸朱顶雀时不时还是会被大杜鹃寄生。或许，这是因为专性寄生林岩鹨的大杜鹃雌鸟实在找不到合适的寄主巢，不得已而为之。其他产错了地方而跟寄主卵差异很大的寄生卵毫无疑问地会遭到寄主的排斥。不过，产在"错误"寄主巢内的大杜鹃卵偶尔也能顺利孵化，直至成长为幼鸟出飞。如果这些幸运儿由此对自己的养父母产生了印痕，在成年之后会选择新的寄主种类，一个新的大杜鹃族群就将由此诞生。

　　由于不能够产生维系族群繁衍的足够多的幸存后代，许多这些新出现的大杜鹃族群都将是昙花一现，可能只会维持一两代。但有时，新的族群也会开枝散叶。首先，专性寄生新寄主的族群可能会比依然守着旧寄主表现要好。对于新寄主巢的竞争可能会更少，特别是新寄主如果过去没有遭到寄生，或许也更不容易排斥寄生卵。随着大杜鹃新族群数量的增加，它们的寄主也开始演化出排斥那些不像自己卵的寄生卵的能力，这一阶段就将产生出拟态新寄主卵的寄生卵新类型。请注意：在这个过程当中，首先出现的是经由印痕而形成的行为上的专性寄生，其后才是寄生卵拟态的演化。

　　中村浩志及其同事近来就在日本本州岛中部见证了一个大杜

鹃新族群的诞生，其间所发生的顺序正是如前所述。六十年前，
当地最为常见的三个大杜鹃族群分别专性寄生牛头伯劳、东方大
苇莺和三道眉草鹀。至今，牛头伯劳和东方大苇莺仍然是大杜鹃
所偏好的寄主种类，在日本多地上述两种 10% 至 20% 的巢都会遭
到寄生。然而，尽管今天三道眉草鹀的数量依然很多，它们却已
变成了大杜鹃不常利用的寄主，仅有 1% 的巢会被寄生。中村浩
志用模型卵所做的实验表明，尽管大杜鹃的卵通常具有良好的拟
态，其上带有像三道眉草鹀那样的棕色细纹，三道眉草鹀却已经
具有了优于牛头伯劳和东方大苇莺的卵识别能力。或许，正是这
种更强的识别及排斥能力正在将专性寄生三道眉草鹀的大杜鹃族
群推向灭绝之路。

　　与此同时，寄生灰喜鹊的一个新的大杜鹃族群却正在演化形
成。灰喜鹊近些年来在日本境内呈现扩张之势，尤其是侵入高海
拔地区，由此便跟大杜鹃有了更多的接触。最早的大杜鹃寄生灰
喜鹊记录分别出现在 1956 年、1965 年和 1971 年，每年仅发现了
一巢。从那之后，灰喜鹊逐渐成为本州岛中部大杜鹃的主要寄主
种类之一。灰喜鹊最早于 1967 年出现在野边山的高地上，在这
里它们被大杜鹃寄生逐年增多的情况得到了很好的记录。1981 至
1983 年间，30% 的灰喜鹊巢都遭到了寄生；到 1988 年，这一比
率上升到了 80%，并且许多巢内会有多枚寄生卵。其他地方也报
道了类似的寄生率快速增加情况，20 世纪 80 年代灰喜鹊巢被大

杜鹃寄生的比率从 30% 增至 60%。

这种显著的变化源自许多大杜鹃雌鸟在灰喜鹊扩散至自己的分布范围内之后，都不约而同地开始利用灰喜鹊作为次要寄主。出现在灰喜鹊巢内的寄生卵相当多样，显然源自之前专性寄生牛头伯劳、东方大苇莺和三道眉草鹀的大杜鹃雌鸟族群。而在灰喜鹊巢内被养育的大杜鹃雏鸟据推测也对新寄主产生了印痕，因为中村浩志所做的无线电追踪研究显示，如今许多大杜鹃雌鸟专性寄生灰喜鹊了。结果，灰喜鹊作为新的寄主承受了比牛头伯劳、东方大苇莺和三道眉草鹀要高得多的寄生率。有些地方，几乎每个灰喜鹊巢内都能发现寄生卵。

这种情况似乎不大可能持续下去。有些地方的灰喜鹊种群由于严重的巢寄生已经开始减少甚至完全消失。在另一些地方，灰喜鹊则开始了还击，它们会驱逐自己巢附近的大杜鹃雌鸟，排斥掉巢内的寄生卵，或者直接放弃被寄生了的巢。在有些地方，40% 的寄生卵被灰喜鹊排斥掉了。这必定会对这个新的大杜鹃族群拟态寄主卵的能力产生强烈的选择作用。观察这个新的大杜鹃族群能否在被灰喜鹊推向灭绝之前演化出有效的骗术，将会是非常有意思的一件事。

上述观察当中，旧有的寄主种类通过演化出对寄生卵的强大排斥能力，显然已经战胜了大杜鹃；而新的寄主种类也很快演化出了抵御巢寄生的能力。种种迹象表明，巢寄生这一生活方式并

不容易。的确，大杜鹃及其他寄生性杜鹃规避了养育后代的重担，由此相较于非巢寄生种类而言，它们有可能产更多的卵。当寄主还很傻、很天真时，它们可能取得暂时的先机。但是当寄主奋起反抗时，大杜鹃最终需要一系列复杂的骗术才能保证寄生成功。或许，就像人类社会中的职业骗子最后往往被抓住并为此付出代价一样，寄主种类的防御可能会限制巢寄生种类在演化方面的进展。这也就解释了为何现生鸟类当中仅有1%的种类具有大杜鹃这样的巢寄生习性。在给模型卵寻找处于合适阶段的寄主巢的漫长一天之后，我时常会想：如果我是一只鸟的话，筑巢并且养育自己的后代会比大杜鹃的生活更容易些。

第 12 章

纷繁的河岸

◎五只燕隼正在沼泽上空享用刚出飞的蜉蝣。

在《物种起源》全书的最后一段里面，查尔斯·达尔文以"纷繁的河岸"的隐喻为自然界的生物多样性和生态复杂性如何经由自然选择而产生提供了一个诗意的画面：

凝视纷繁的河岸，覆盖着形形色色茂盛的植物，灌木枝头鸟儿鸣啭，各种昆虫飞来飞去，蠕虫爬过湿润的土地；复又沉思：这些精心营造的类型，彼此之间是多么地不同，而又以如此复杂的方式相互依存，却全都出自作用于我们周围的一些法则。这真是饶有趣味……伴随着"生殖"的"生长"；"遗传"……；"变异"……；"生殖率"如此之高而引起的"生存斗争"，并从而导致了"自然选择"，造成了"性状分异"以及改进较少的类型的"灭绝"。因此，经过自然界的战争，经过饥荒与死亡……各种高等动物，便接踵而来了。无数最美丽与最奇异的类型，即是从如此简单的开端演化而来，并依然在演化之中；生命如是之观，何等壮丽恢宏。①

---

① 引自《物种起源》，苗德岁译，译林出版社。标点和文字略有改动。——译者注

　　并非所有人都会用"最为美丽"来形容大杜鹃的栖身之所。来到威肯草甸沼泽的访客看见我在芦苇荡中搜索，并且发现我是在找寻大杜鹃卵的时候，很多人都会问道："哦，真好。你会将它们扔了是吧？"但是，从奇怪的、惊人的及奇妙的意义上来说，肯定每个人都会同意用"最为奇异"来形容大杜鹃。达尔文之前，观察自然的人们对于造物主竟会设计出一种缺乏亲代本能的鸟类充满了好奇。今天，博物学家们依然对弄清寄生性杜鹃如何从具备亲代本能的祖先演化而来，以及它们的欺骗伎俩怎样跟寄主的防御手段协同演化抱有极大热情。

　　达尔文本人在《物种起源》的最后一页上也表达了对于大杜鹃的这种持续不断的惊奇感：

　　野蛮人看到一艘大船时，这个事物已完全超出了他的理解范围。而当我们不再用类似野蛮人的眼光去审视一个有机体时，当我们把自然界的每一件作品都视为带有悠久历史的产物，当我们将每一复杂的结构和本能都看作是许多革新的集合，每一样革新都有益于其拥有者时……对于自然史的研究将会变得更有趣味得多啊！……当我将众生不再视为特殊的造物，而是早在寒武系首个沉积床形成之前就已经长存的少数生物的直系后裔时，在我看来，它们就变得更为高贵了。

　　我又一次坐到了威肯河边，这条水道绵延向东穿过了保护区的中心地带。坐在岸上，看起来不失为思考达尔文所说"纷繁的河岸"的一个恰当的方式。在沿着水道边缘的芦苇丛里，好些芦苇莺的巢已经遭到了寄生，那些义亲不知不觉地正在孵化着窝内的一枚大杜鹃卵，而这枚已启动的"定时炸弹"将会摧毁掉它们自己的繁殖努力。随后，当我向下凝视静止的水面时，我的思绪便开始远离自己对于大杜鹃及其寄主的痴迷而神游天外。

　　从大女儿汉娜（Hannah）的油画中我学到了怎样看清反射面的多个层次。她的画作捕捉到了你走在路上瞥见街边咖啡馆橱窗的瞬间，在这个如梦如幻的世界里，行人的倒影和玻璃窗上的污迹，跟室内的咖啡杯与灯光交织在一起，仿佛都飘浮在空中似的。我所盯着的我下方的水面也有多个层次。首先映入眼帘的是蓝天和一群在白色云朵下掠过的普通雨燕。随后，我注意到了水面泛起的光泽，亮蓝色的豆娘正停栖在睡莲的叶子上。水面以下，鱼群忙着在河底的淤泥中觅食。我也开始意识到，天空、水面和河底，这些层次之间存在着跟大杜鹃与其寄主一样美妙的互动。

　　吉尔伯特·怀特在他所深爱的塞耳彭村度过了60年最为美好的时光。虽然我在过去的30个夏天里都在威肯草甸沼泽观察大杜鹃及其寄主，但我有幸周游过世界。不过话说回来，其实人可以就在此度过一生，仅仅坐在岸边观察就总能有新的发现。

我们就从水面开始来礼赞"纷繁的河岸"吧。一只黑水鸡正沿着河道向它藏身于芦苇丛中的巢游去。巢内有 7 枚卵，其中 4 枚的钝端有着大的红色斑点，另外 3 枚较小，其上还有着细密的纹路。人们可能会好奇：是不是有两只雌鸟在这同一个巢里产了卵？20 年前，剑桥大学的两位学生，戴维·吉本斯（David Gibbons）和休·麦克雷（Sue McRae）就发现，黑水鸡确实会耍大杜鹃式的把戏：雌鸟会到别的黑水鸡巢里面产卵。他们在彼得伯勒附近的沼泽里用彩环标记了一个有着约 80 对黑水鸡的种群，以此来追踪研究个体的行为，并运用 DNA 图谱来识别寄生卵。

休和戴维发现，10% 到 20% 的黑水鸡巢里都带有其他个体产的卵，通常每个巢中只有 1 枚寄生卵，但有时也会多达 6 枚。有的寄生卵就来自邻近领域中的雌鸟，这些个体在自己的巢中产卵之前会先跑到其他巢里产少量的卵。这些雌鸟试图用在邻居巢内多产一些卵的方式来增加自己的繁殖成功率。有的寄生卵则源于产卵期在自己的领域内遭受了巢捕食的那些雌鸟。这类个体就会尝试将它们余下的卵产到邻居的巢里。最后，还有的寄生卵来自那些没有找到空间建立起自己领域的雌鸟，它们会试着以巢寄生的形式来繁殖些许雏鸟。

最后这一类雌鸟的繁殖成功率非常的低，或许部分原因在于它们自身的先天条件就不好，又或许对黑水鸡来说，任何单纯依靠巢寄生的繁殖尝试都得不偿失。大杜鹃可以从隐蔽的栖枝上观

察多个寄主领域内的情况。黑水鸡飞起来既笨拙又显眼，从一个领域到另一个领域得依靠游动。它们更不容易观察到寄主的动向，也更难在恰当的产卵阶段找到足够多的寄主巢，因此还是自己筑巢和抚育后代的回报更大。

当一只黑水鸡在另一只黑水鸡巢里产卵时，它并不会移走寄主的卵，而是直接将自己的卵产在巢内。产在一个还没有卵的巢中的寄生卵会被寄主移除，或是啄破后吃掉。可是一旦寄主开始产卵，便不再会移除寄生卵了。雌性黑水鸡的卵在颜色和纹路上通常就有着变化，或许这也使得它很难识别出陌生的卵。然而，如果在产卵的早期遭到寄生，或者巢内一下子出现好几枚寄生卵，寄主往往就会弃巢。黑水鸡并没有DNA图谱检测技术可用，但即便是"巢里的卵比我自己产的要多"这样有限的概念，也能成为拒绝寄生卵的有效规则。

黑水鸡通常是在夜幕降临的时候产卵。这期间，雄鸟会担负起孵卵和保护巢的职责，可能是因为它的个体比雌鸟更大，也能更好地驱除夜行性的捕食者。寄生卵同样是在夜间产下，雄性寄主完全有可能与前来产寄生卵的雌鸟交配，使得寄生卵或寄生雌鸟返回自己巢后产下的一些卵受精。休·麦克雷的DNA图谱检测工作显示，从未发生过上述情况。所有的寄生卵都由寄生雌鸟的雄性配偶受精，它也同时是自己巢内所有雏鸟的父亲。这意味着寄主配对中的雌鸟和雄鸟都应尽量去阻止寄生雌鸟的行动。

休在巢边架设了微光摄像机，这样在黄昏和有月光的光线条件下都能够拍摄到黑水鸡的产卵过程。在正常产卵的情况下，雌鸟抵达自己的巢之后会站在一旁，发出轻柔的"puck，puck"叫声通知巢内的配偶。它很放松地将头扬起，在等待配偶离巢时往往会梳理自己的羽毛。雄鸟会从巢里出来，站到一边等着雌鸟卧下。雌鸟卧在巢里约半个小时之后会开始产卵，随即离开，雄鸟则再次卧回巢中开始孵卵。

黑水鸡产寄生卵的情况则大不相同。寄生雌鸟的配偶待在自己领域内，只有雌鸟借着夜色的掩护去接近寄主巢。夜里寄主雄鸟在巢内孵卵，这为寄生雌鸟侵入创造了良好条件。白天则是寄主雌鸟孵卵，雄鸟会巡视领域并且不遗余力地驱逐任何入侵者。寄生雌鸟压低着头，默不作声地快速游向寄主的巢。从之前的查探当中，它已经知道了寄主巢的确切位置，直奔而来。休一共拍摄到了 9 次产寄生卵的情况。其中有一次寄主都没在巢内，尽管寄生雌鸟明显很紧张，产卵的过程却非常顺利。而有两次发生在夜间，寄主雌鸟正在自己的巢内产卵。其中一次，为了躲避来自主人的啄击，寄生雌鸟倒着身子试图挤进巢里面，头尾所处的位置正好跟寄主相反。这一过程中，寄主雌鸟稳稳地卧在巢内按兵不动。另有一次，寄主雌鸟发出了叫声，它的配偶赶了回来，一起攻击寄生雌鸟。

在其余 6 次里面，寄生雌鸟正好碰上了巢内的寄主雄鸟。它

们都故技重演，倒着挤进巢内，再安静地卧在那儿，承受着雄鸟雨点般的击打，保持一动不动的姿态且从不反击。寄主可能也多少手下留了情，因为太过激烈的进攻会弄破自己的卵。寄生雌鸟只用两三分钟就快速地产下了卵，随后就逃回自己领域去了，往往还有寄主雄鸟在后面追打。这些引人入胜的镜头显示，寄生雌鸟必须兼具隐蔽、速度和勇敢才能获得成功。

如今在超过 200 种鸟类当中都记录到了偶发的巢寄生行为。当雌鸟由于巢址或领域不够，或因为遭到巢捕食而不能正常繁殖时，这种临时性的巢寄生会是一种常用的策略。如此一来，至少能产生某些后代。但鸟类并非是唯一会将自己的卵交由其他父母照管的生物。我们现在将注意力从水面转移至河道深处，苦鳑鲏是这里最为繁盛的一种鱼类，它跟淡水河蚌之间的关系相当有趣。

苦鳑鲏是一种体长不过 7 厘米的小型鱼类。雄性的体色在春季会变得多彩起来，有着红色眼睛、暗紫色的背部和粉红色的腹部，身体两侧还有一道翠绿色的条带。它们会围绕着半掩埋在河底淤泥中的淡水河蚌来建立领域。大多数有领域意识的雄性苦鳑鲏只会保卫一个河蚌，而也有一些雄鱼在它们的领域内拥有多个河蚌。其他的雄性苦鳑鲏若靠近，就会遭到领域主人的奋力驱赶。

繁殖期的雌性苦鳑鲏体色暗淡，背部为灰绿色，体侧为银色。但当它们准备产卵时，很容易通过它们长长的产卵器辨认出来。产卵器是一根悬挂在身体下方的管子，可能和雌鱼的身体一样长。当带有产卵器的雌鱼接近时，雄鱼便会在一旁颤动身体做出炫耀动作，随后就会引导雌鱼游向自己领域内的河蚌。河蚌从通过自己鳃的水流当中获取食物颗粒和氧气。水流则是从进水管进入，从出水管流出。雌性苦鳑鲏会检查河蚌的出水管，通过流出水当中的氧含量来判断河蚌是否适合产卵。

假如雌鱼断定某个河蚌适合产卵，接下来的一系列动作就会以极快的速度发生。它会突然将产卵器深深地插入河蚌的出水管，在不到一秒钟的时间内排出 1 至 6 枚卵，随后便游走了。此时，雄鱼会立刻将精液射入河蚌的进水管内。在进水管的作用下，精液会顺着水流的推动进入河蚌体内，使雌鱼的卵受精。在其后的一分钟之内，附近领域的其他雄鱼有时会溜过来试图让雌鱼的卵受精，作为主人的雄鱼因此变得尤其好斗。有时，多达 60 条没有领域的雄性苦鳑鲏会赶来浑水摸鱼。领域内的雄鱼和鬼鬼祟祟的闯入者有时也会在雌鱼产卵之前就向河蚌的入水管释放精液。

苦鳑鲏的卵深藏在河蚌的鳃里，可在其中安全无忧地发育成长。受精卵只需 36 个小时即可孵化，鱼胚胎依靠卵内保存着的卵黄就能存活约一个月，在体长达到 1 厘米时就会通过河蚌的出水

管来到危机四伏的外部世界。

有些河蚌体内会被同一只或好几只雌性苦鳑鲏反复产卵，它们的鳃当中最后或许会有超过100条的幼鱼。这种情况下就可能导致河蚌鳃的损伤，并且会扰乱进出的水流。幼鱼还会跟河蚌自己正在发育中的幼体竞争氧气。因此，从很多方面来看，苦鳑鲏与河蚌的关系都像是大杜鹃和寄主的关系。河蚌会对苦鳑鲏的寄生有所防御吗？近来，由圣安德鲁斯大学的马丁·赖卡德（Martin Reichard）、卡尔·斯密斯（Carl Smith）及同事所做的研究显示，事实的确如此。不过正如大杜鹃寄主一样，对寄生的防御需要时间才能演化而成。

河蚌和苦鳑鲏在土耳其已经共存了至少两百万年。这里的河蚌对于寄生有着很强的防御，如果受到触碰的刺激，它们会迅速关闭出水管，使得雌性苦鳑鲏很难在其中产卵。同时，河蚌还会通过收缩壳的瓣膜来甩落鳃上附着的鱼卵和鱼胚胎，再让水流流过自己的鳃，然后通过出水管将它们排出体外。相比之下，苦鳑鲏才于过去100至150年间出现在中欧和西欧，包括威肯草甸沼泽的河道里面。这些地方的河蚌就没有强烈的防御行为。正如许多杜鹃与寄主之间的互动一样，河蚌开始抵御新出现的入侵者，将给我们观察正在进行中的演化提供一个绝佳机会。

　　我们继续坐在河岸之上，不过这次将视线转移到头顶的天空。在 5 月里不多的几个温暖清晨，会突然有成千上万的蜉蝣从河道里大量地涌现而出。它们的稚虫可以在水里生活一到两年，以水藻和水生植物为食。而当它们以长有翅膀的成虫形态从水中出飞时，就真是名副其实的蜉蝣了。因为，蜉蝣目这个词（Ephemeroptera）是由拉丁文 *ephemeros* 和希腊文 *ptera* 构成，前者意为"仅持续一天"，后者指"长翅膀的"。蜉蝣成体不吃也不喝，仅能存活几个小时，它们就在这短暂的时间内交配、产卵和死去。它们有着大的翅斑和长的尾部，就像降落伞似的，在空中飞舞和漂浮的时候看起来闪闪发光。不过，蜉蝣的飞行能力较弱，它们的出飞对捕食者来说就是一顿美餐。

　　我们会看到一群 12 只燕隼在河道上空低飞猛冲，享用着突如其来的盛宴。它们是所有隼里面最为灵活和优雅的种类。长镰刀状的两翼，使得燕隼有时看起来就像是大号的雨燕。它们也确实能在空中捕捉雨燕和燕类，以惊人的速度猛冲，用锋利的脚爪抓住猎物。不过，燕隼在春天多以昆虫为食，它们用爪在空中抓取虫子，然后直接就送到嘴边，边飞边吃。捕猎蜉蝣时，它们会运用颇有规律的一种飞行模式，先是顺着河道迎风飞上 100 米左右，边飞边抓蜉蝣，然后顺风离开河道，转一个圈之后再重复上述动作。在河岸上选择一个适当的位置坐下，你能观察到捕捉蜉蝣的燕隼就在几米之外高速掠过。

　　理查德·尼科尔（Richard Nicoll）花了很多时间在威肯草甸沼泽里拍摄野生动物，我就拥有一张他的杰作，它捕捉到了一只燕隼快要抓住猎物那瞬间的优美与精准。这张照片里的游隼和蜉蝣的对焦都非常完美。这只燕隼黄色的脚完全向前伸展张开，所以两爪已经到了嘴的前方。它尖长的灰色两翼处于完美的平衡之中，即便从这个静态的画面当中，你也能感受到燕隼逼近猎物时的速度。它黑色的双眼专心致志地盯着几厘米之外飘移着的蜉蝣。

　　乍一看，这像是一边倒的"军备竞赛"，飞行缓慢的蜉蝣全然不是精准而又迅疾的燕隼的对手。对其他捕食者而言，它们也只是手到擒来的食物。但是，大量地同步出现能够以数量取胜，这也正是蜉蝣防御捕食者的诀窍。当所有的蜉蝣成体都一起涌现时，捕食者确实享用到了一顿短暂的大餐，但它们的捕食能力也完全饱和了。对蜉蝣个体来说，大量涌现的高峰也正是最安全的时期。就蜉蝣为何同时涌现，另一个解释是：这样可能会提高个体的交配成功率。由于某些蜉蝣种类行孤雌生殖，因此完全可以去检验这一解释。这些孤雌生殖的种类只有雌性，无需交配，它们就会产生跟自己遗传信息完全相同的后代。而这些种类的成体跟其他有性繁殖的蜉蝣一样，也是大量同步涌现的。所以，通过饱和捕食者的捕食能力来减小个体被捕食的概率，可能才是蜉蝣倾向于同步涌现的主要选择压力。

　　我们可以毕生都坐在河岸之上，欣赏捕食者为搜寻和捕获猎物而演化出的无数其他技巧，以及猎物为隐蔽和逃逸而演化出的防御手段。但是，演化的"军备竞赛"不仅仅牵涉不同的物种（捕食者和猎物，或寄生物与寄主）。物种内部，在争夺配偶的同性之间，或者在渴望交配的雄性与不想被打扰的雌性之间，同样也有着激烈的冲突。这些同样构成了达尔文的纷繁河岸里面迷人的一部分。

　　我们再将注意力转回水面之上。有着细长附肢的水黾正在河面上溜来溜去。它们中间的那一对附肢最长，用来划水；后面的一对用于转向；前面的一对则伸向前，还具有爪，用以抓取猎物。它们能感知跌落水面、挣扎中的蜘蛛和昆虫所引起的涟漪，会冲过去刺穿对方，吸取猎物体内的汁液。

　　雄性水黾同样也要寻找配偶。但一只雄性遇到一只雌性之后，会跳到对方背上，并用腹部末端延长的交接器把持住雌性，想要霸王硬上弓。即便雌性已经跟其他雄性交配过了，这样的尝试也是值得的，因为雄性个体的精子会替换掉之前储存在雌性体内的精子，从而使雌性的卵子受精。然而，雌性水黾却想要避免过多的交配，因为趴在背上的雄性会降低自己的移动能力，影响觅食成功率，同时也更容易成为捕食者的牺牲品。对于不想接受的雄

性，雌性水黾有它的秘密武器，其腹部末端有一根尖刺，会在雄性想要硬来的时候猛刺向对方。

世界上有很多种水黾。在雄性具有最为复杂交接器的种类当中，雌性也就有着最长的尖刺。因此，雄性水黾强制交配的结构与雌性反抗交配的结构协同演化了。物种内不同性别之间的这场"军备竞赛"完全类似于大杜鹃和寄主之间的，大杜鹃更好的欺骗手段（寄生卵的拟态）与寄主更好的抵抗策略（识别并排除寄生卵）协同演化了。

其他昆虫的雌性通过欺骗而非武力来避免多余的交配。在许多豆娘种类里面，有的雌性体色鲜艳，看起来就像是雄性，而没有典型雌性那样的暗淡颜色。这些拟态雄性的雌性豆娘更不容易被寻找配偶的雄性骚扰，也就更能不受打扰地产下自己的卵。但这就引出了一个问题：为什么不是所有的雌性豆娘都体色鲜艳呢？一个可能的解释是：有着鲜艳体色的个体更容易引起捕食者的注意。它们可能有更大的概率被一只饥饿的芦苇莺吃掉，因此雌性中鲜艳体色和暗淡体色的比例或许反映了选择压力之下的一种平衡。另一种可能的解释是：随着越多的雌性拟态雄性，鲜艳体色这种骗术的效果也就变得越差。实际上，如果所有的雌性都拟态雄性，那么雄性豆娘就会去仔细打量每一只体色鲜艳的个体，以便确定潜在的交配对象。因此，演化的结果可能就是：雌性豆娘形成了鲜艳或暗淡的体色，就像大杜鹃雌鸟演化出灰色和棕色色型来迷惑寄主一样。

达尔文的"纷繁河岸"有着生物间各式各样的互动，包括如杜鹃与其寄主之间奇异的共处。"自然界的战争"，意味着自然选择所致的"死亡"，却给我们带来了许多的美和奇迹：从蜉蝣的飞舞，到燕隼的迅疾与优雅，再到黑水鸡的狡黠，还有要与自己同类相抗争的水黾和豆娘。我们都熟悉气候变化，并且抱有动植物必须适应物质世界变化的观点。但是，即便物理环境保持不变，演化也从未止息。有机世界永远都在变化之中，仅仅只是为了跟上捕食者、寄生物和竞争者的脚步，有机生物都将持续地演化。对大杜鹃及其寄主的观察，为我们提供了窥探达尔文"纷繁的河岸"这一非凡隐喻的一扇视窗。

第 13 章

正在消失的大杜鹃

◎ 2014 年 5 月 13 日，威肯草甸沼泽，一只正在鸣叫
的大杜鹃雌鸟被三只同样在鸣叫的雄鸟追逐。

在一所古老的大学里做研究，能够为你在变化的世界中的工作和观念提供一个广阔的视野。就让我们从剑桥大学我所在的彭布罗克学院两位 500 年前的院士开始说起。尼古拉斯·里德利（Nicholas Ridley）在 1540 至 1553 年间是学院的院长。其肖像高悬在学院的餐厅里。据记载，他生于 1503 年，卒于 1555 年 10 月 16 日。在天主教玛丽女王[①]统治期间，他作为新教异端被烧死在火刑柱上。他被指控的一项罪名是相信圣餐中的饼和酒是基督的体和血的象征，而并未在奉献中真正地转变为基督的体和血。他死得很痛苦，因为火刑时所使用的木柴太多，他烧得很慢。在里德利遭受长达 40 分钟的折磨时，跟他一同殉道的拉蒂默主教（Bishop Latimer）喊道："里德利院长，请振作起来，拿出男子汉

---

① 玛丽女王（Queen Mary，1516—1558），即玛丽一世，为英国都铎王朝的第五位英格兰国王，于 1553 至 1558 期间在位，也是英国历史上的首位女王。作为天主教徒，她在执政期间下令烧死了三百多名新教教徒，因此得到了"血腥玛丽"的称号。当时，基督的圣体是否真实存在于圣餐仪式之中是两派争论的焦点，天主教徒认为圣体真实存在，而新教教徒则认为那只是一种象征。——译者注

气概！在上帝的恩典下，今天我们将在英格兰点燃一支（信仰的）蜡烛，我相信它永远不会熄灭。"

里德利有个学生叫威廉·特纳（William Turne），他于1530年成了彭布罗克学院的院士。特纳如今被公认为英格兰首位主修博物学的学生，在彭布罗克学院图书馆内就有一块彩绘玻璃镶板专为纪念他。特纳在1544年出版了一本关于鸟类的书籍，根据普林尼和亚里士多德的描述来对应自己所见过的鸟类，从而辨识出了两位先贤提到过的所有种类。在书中，特纳也加入了自己对于鸟类的仔细观察。

他就记载了鹨类是大杜鹃所喜好的寄主：

我观察到再没有其他鸟类像鹨这样频繁地跟随大杜鹃的幼鸟并抚育它们，仿佛它们就是自己的骨肉。

特纳对于鸟类行为同样有着敏锐的观察力。他指出，欧亚鸲和欧亚红尾鸲不仅在羽饰上存在差异，它们的叫声和颤动尾羽的方式也有所不同。据此，他驳斥了亚里士多德认为红尾鸲在秋季消失是因为它们变形成了欧亚鸲的观点。当然，我们现在已经知道这是由于红尾鸲迁徙至非洲越冬所致。

特纳还是植物学方面的一位先驱。1551至1568年间，他的著作《草本志》（Herbal）分三部分相继出版，其中留下了对超过200种英国本土植物的首次科学描述，每一种还附带有"用途和

疗效"方面的内容。以下是对草莓"疗效"的一些记述：

在肉食中加入草莓叶子，对脾脏方面的疾病有帮助。饮用兑蜂蜜的草莓汁也能起到同样的效果。呼吸急促的人可以服用草莓加胡椒。有一种用草莓榨出的汁液，随着时间的推移，它的疗效会增强。它可以治疗面部痤疮与皱纹，以及眼睛充血……许多人使用这种草药……治疗妇科病，改善牙龈状况，清除口臭。

特纳持有跟里德利相同的宗教观点，在玛丽女王统治期间逃到了欧洲大陆。新教教徒伊丽莎白一世继位之后，他才结束流亡生活返回英国，并将《草本志》献给新任女王，书中不乏溢美之词。

站在胆敢挑战圣餐变体说或化质说观点的两位前辈的纪念物前面，会给人带来截然不同的思考。向威廉·特纳致敬的彩绘玻璃镶板让我会心一笑，并意识到，对于后世的研究者而言，如今我的研究看起来将会是多么的古色古香。尼古拉斯·里德利的肖像则带给人更为阴郁的想法，提醒后人，在一个瞬息万变的世界里领会旧有价值观是多么的困难。毫无疑问，我们今天对里德利所遭受酷刑的恐惧，与后代会惊骇于我们当下对自然世界的破坏并无二致。

根据国际鸟盟（BirdLife International）斯图尔特·布查特

（Stuart Butchart）及其同事的估计，全世界有 1240 种鸟类受到威胁而濒临灭绝。按现生鸟类约有 10000 种计算，就是有 12% 的种类，或者说每八种里面就有一种的存续岌岌可危。我们或许还可以再加上占总数 8% 的另外 838 种，这些种类被评估为近危（near threatened），如此一来，总计就有 2078 种，或者说全世界 1/5 的鸟类都应予以优先保护。在过去 30 年里，鸟类的生存状况在不断地恶化，即便曾经常见的种类，如今数量也在急剧下降。欧洲地区农田生境鸟类的减少尤为明显，而那些繁殖于欧洲、越冬于撒哈拉以南非洲的长距离迁徙候鸟情况也是如此。人类活动是鸟类的主要威胁，其中，人为原因导致的栖息地丧失又首当其冲，森林被破坏、湿地被排干，都是为了满足日益增长的人口需求。

鸟类的减少不过是地球生物多样性总体下降的一个指征。只要我们的目标仍然是短期的经济收益，而非人与自然共存的长期价值，自然世界就会继续衰退。然而，最新的估计表明，只要我们改变现有的价值观，自然保护显然是力所能及的。保护足够多的栖息地以确保全世界的濒危鸟类继续生存下去，每年将会花费约 780 亿美元。这还不到全球消费者每年用于购买不含酒精饮料开销的 20%，或者不及近年来付给银行家们年终分红的 50%。

近来我们春天的使者——大杜鹃的减少恰恰就是自然世界每况愈下的一个有力象征。从 20 世纪 80 年代早期开始至今，英国大杜鹃的数量减少了 65%，如此惊人的下降趋势使得它们已经被列入英国最值得关注的保护种类。这一现象背后的原因可能很复杂，也尚不明确。英格兰低海拔地区和威尔士境内大杜鹃的减少最为突出；而在苏格兰北部，该种的数量保持了稳定，甚至在有些地区还略有增加。英国鸟类学基金会的研究显示，大杜鹃的这种减少并不能用寄主种类的减少来解释。就英国全境的 3 种主要的大杜鹃寄主鸟类而言，在过去 20 年间，虽然草地鹨的数量减少了，但芦苇莺和林岩鹨的数量却在增加。

莫非对大杜鹃来说，寄主的巢如今变得更难以获取了吗？近年来温暖的春季使得许多种类的繁殖提前了。对欧洲大陆 20 个地点数据的分析表明，1947 到 2007 年间，其中不止 40 年大杜鹃春季首次迁来的日期平均提早了 5 天。这与长距离迁徙的寄主种类在春季较早到来保持了一致，这些寄主种类跟大杜鹃一样，也在撒哈拉以南非洲越冬。然而，在北非或是欧洲越冬的短距离迁徙寄主种类如今抵达繁殖地的时间较 40 年前平均提前了 15 天，如此一来，姗姗来迟的大杜鹃就赶不上寄生这类寄主在繁殖早期的巢了。在过去 20 年间，短距离迁徙寄主种类变得不如以前那样受大杜鹃青睐，这表明气候变化造成繁殖时间上的不匹配已经导致欧洲各地大杜鹃对寄主种类的选择发生了变化。

前来英国的大杜鹃又发生了什么样的变化呢？威肯草甸沼泽内大杜鹃首次出现的日期有着很好的记录。查尔斯·达尔文的朋友伦纳德·杰宁斯（Leonard Jenyns）在 19 世纪前半叶担任斯沃弗姆·布贝克村教堂的教士和牧师，而这个村子距离威肯仅有几千米远。在达尔文之前，杰宁斯曾有机会做贝格尔号的随舰博物学家，但因自己需履行教区职责而不得不婉拒。吉尔伯特·怀特是他的偶像之一。出于"再也看不到它的担心"，孩提时代的杰宁斯就几乎誊抄了整本的《塞耳彭博物志》。从 1820 到 1831 年，杰宁斯对自己教区内动植物的物候做了十分详细的记录，其中就包括夏候鸟到来的时间。达尔文在 1845 年 10 月 12 日写给杰宁斯的一封信里赞扬了这些努力：

我在物种问题上所做的工作令自己对所有类似工作的重要性……包括人们通常乐意称为"微不足道之事实"的那些工作的重要性……有了非常深刻的印象……而正是这样的工作才促使人们去理解自然界的运转或道理。

我们能够将杰宁斯记录大杜鹃最早出现的日期与过去 60 年的情况进行比较，后者是由剑桥大学圣凯瑟琳学院的克里斯·索恩（Chris Thorne）记录的，他自 1971 年就开始领导威肯草甸沼泽鸟类环志组的工作。此地大杜鹃最早出现的日期如下，括号内则是每一时间段里最早和最晚出现的日期。

1820 至 1831 年：4 月 29 日（最早 4 月 21 日，最晚 5 月 8 日）

1947 至 1957 年：4 月 19 日（最早 4 月 16 日，最晚 4 月 22 日）

1970 至 1979 年：4 月 21 日（最早 4 月 15 日，最晚 4 月 28 日）

1980 至 1989 年：4 月 21 日（最早 4 月 14 日，最晚 4 月 24 日）

1990 至 1999 年：4 月 20 日（最早 4 月 14 日，最晚 4 月 26 日）

2000 至 2009 年：4 月 19 日（最早 4 月 12 日，最晚 4 月 25 日）

这些数据表明，跟杰宁斯所处时代相比，如今大杜鹃抵达威肯草甸沼泽提前了大约 10 天。但出人意料的是，在过去 60 年里面，大杜鹃迁来这里的时间却并未发生变化。对英国境内其他有着长期记录地点的分析也显示，多数地点春季大杜鹃首次记录的日期在过去 50 年间也并没有发生大的改变。这跟同一时期欧洲大陆上的大杜鹃更早迁来的情况明显不同。

尽管如此，在过去几十年间，英国的某些大杜鹃寄主无疑将它们的繁殖时间提前了。例如，相较于 20 世纪 90 年代中期，林岩鹨和芦苇莺这两种被大杜鹃喜好的寄主如今的繁殖时间平均提前了 6 天。然而，最近由英国鸟类学基金会完成的一项分析表明：大杜鹃迁来和寄主繁殖在时间上面的任何不匹配，都只能对前者的种群产生很小的影响，并不能够解释英国大杜鹃数量的急剧减少。

大杜鹃们在繁殖季里更有可能遇到的是它们所喜好食物的供应出现了问题，即蛾子和蝴蝶的毛虫数量严重地减少了。自 1968

年起，利用约 100 个灯诱陷阱组成的监测网络，罗瑟姆斯特德昆虫调查项目（Rothamsted Insect Survey）就对英格兰、威尔士和苏格兰各地的大型蛾类种群数量开展了年度调查。截止到 2003 年的 35 年间，每年灯诱捕获到的蛾类总数量下降了 31%。考虑各个蛾类物种的话，在有研究数据的总计 337 种里，2/3 的种类都呈现数量下降趋势，其中有一半物种的数量下降达到甚至超过了 50%。在英格兰和威尔士，即大不列颠群岛南半部的蛾类数量减少最多，而这些地方大杜鹃的种群下降也最为明显。

大杜鹃们在冬季是否也遇到了麻烦？两三百年前，对于大杜鹃和其他许多英国繁殖鸟类在秋季的消失曾有过激烈争论。当时人们已经知道蝙蝠会冬眠，因此有人认为可能鸟类也会在冬季休眠。诗人托马斯·卡鲁（Thomas Carew，1595—1640）在其诗作《春》（*The Spring*）当中就想象了生命从冬日的沉睡中被温暖的阳光唤醒的场景：

暖阳复苏着僵硬的大地，

使其变得柔软，迎来神圣的降生，

死气沉沉的燕子，昏昏欲睡的杜鹃，以及谦逊的蜜蜂，

都从树洞中醒来。

约翰·雷也曾仔细思索过大杜鹃在冬季中的命运。他在出版于1678年的《弗朗西斯·路威比鸟类学》（*The Ornithology of Francis Willughby*）当中写道：

大杜鹃在冬季会变成什么样子呢？无论是藏身树洞，或者别的洞隙及孔穴里面，都只能无精打采地躺着，等到春天才又焕发生机？又或者当冬天来临时，它们忍受不了寒冷，于是转移到炎热的国家去了？对我来说，究竟是哪种情况尚不得而知。有人曾声称，瑞士苏黎世的某位农夫冬天里将一根木头投入火中时，听到里面竟传出了大杜鹃的叫声。至于我，还没有遇到过任何值得信赖的人，敢于确证他曾在冬季里发现或看到一只大杜鹃从树洞或其他隐匿之处现身。

甚至在约翰·雷之后又过了一个世纪，在《塞耳彭博物志》里记载的通信里面，迁徙和冬眠之争仍在继续着。不过，到了19世纪早期，有关迁徙的证据已经变得越发确凿。燕类及其他的候鸟被观察到在秋季离开英国，向南飞越欧洲，然后跨过地中海前往非洲；春季则沿着反方向迁徙。进入20世纪，人们清楚地知道了撒哈拉以南非洲是许多欧洲候鸟的越冬地。在西非的塞内加尔，人们观察到大杜鹃于7月末至10月间会沿着非洲海岸做东南向移动，到12月才停止。次年二三月份则沿西北方向迁回欧洲。大杜鹃也会在9月至11月间抵达东非和南部非洲，并于次年的

三四月份沿着非洲海岸向北移动，经由东非大裂谷和尼罗河河谷
北上。

　　大杜鹃的数量减少是由于迁徙途中的环境恶化，还是撒哈
拉以南越冬地点遭到破坏了吗？英国境内对环志个体的重捕显
示 60% 的成年大杜鹃都存活到了下一个繁殖季，但是它们究竟在
非洲何处越冬，以及到底选了什么样的迁徙路线仍然是个谜题。
1928 年 6 月 23 日，有人在英国伊顿的一个白鹡鸰巢内环志了一只
大杜鹃雏鸟，而该个体于 1930 年 1 月 30 日在西非的喀麦隆被人
猎获。持续了 90 年的大杜鹃环志工作，在撒哈拉以南非洲仅有这
么一例回收记录。

　　2011 年 5 月，英国鸟类学基金会的克里斯·休森（Chris
Hewson）、菲尔·阿特金森（Phil Atkinson）及其同事在诺福克的
繁殖地捕捉到了 5 只大杜鹃，并给它们装上了卫星追踪器。这些
追踪器使用太阳能电池，每发送 10 个小时的定位信息，就会进入
48 小时的"睡眠模式"，好让太阳能板给电池充电。研究者利用
这些追踪器获得了令人惊叹的结果。正如 100 年前埃德加·钱斯
的观察揭示了大杜鹃在寄主巢产卵时面临着困难，克里斯和菲尔
如今也发现大杜鹃在迁徙当中要面临同样令人生畏的挑战，它们
必须克服重重艰险才能存活至下一个繁殖季。

　　研究者们将所追踪的大杜鹃的实时位置信息放到了网络上。
数以千计的人登录英国鸟类学基金会的网站，亲眼见证了这些大

杜鹃不可思议的旅程。2011年的这5只大杜鹃全部都成功抵达了非洲的越冬地。有两只向西南飞到了西班牙，停留一两周为接下来的旅行积蓄能量。随后，它俩跨过地中海来到了摩洛哥，沿着撒哈拉沙漠的西缘进入西非的塞内加尔和冈比亚，之后再折向东，并于当年11月底到达刚果盆地中的热带雨林。

另外3只采取了不同的路线。它们先向东南飞到了意大利，在波河流域稍事停留以积蓄脂肪。随后，从最宽的地方先后跨越地中海和撒哈拉沙漠，包括穿越阿尔及利亚和尼日尔境内沙漠地带长达3000千米的旅程，最后在11月底也抵达了刚果民主共和国境内的热带雨林。历经5个月之后，这5只大杜鹃又重新汇聚到了一个国家之内。刚果雨林成了主要的越冬地，它们会在那里待上3到5个月。普通雨燕也在雨林的上空忙于觅食，这些同样南迁而来的老相识，会让大杜鹃想起在英国度过的夏日时光吧。

可能我们也需要在这里暂停片刻。许多英国人认为，大杜鹃是一种会到非洲越冬的英国鸟类。然而，卫星追踪数据如今却揭示，"我们"的大杜鹃是在非洲度过自己一生70%的时光。在英国已被开垦了的乡间，它们同牛羊一起度过的宁静日子，仅是在刚果雨林里跟低地大猩猩所共享荒野岁月的一半。大杜鹃其实被视作非洲鸟类更为合适，它们只不过在每年繁殖季短暂地造访英国。

从刚果民主共和国到英格兰的返程比较快，只需两个月即可完成。首先，这些大杜鹃迁至西非待上一个月左右，可能是在为向北飞越沙漠的长途旅行做准备。在那里，它们会遇上越冬的芦苇莺，同样也在为北迁养精蓄锐。我们不禁好奇，此时这两种鸟儿是否会注意到彼此，毕竟在几千千米之外欧洲的芦苇荡里面，寄主的防御和杜鹃的骗术之间会有激烈的交锋。

穿越沙漠之后，这些大杜鹃在欧洲南部的中停地恢复元气，不过仅有两只安全回到了诺福克的繁殖地。有一只的追踪信号在刚从离开刚果雨林向西移动时就终止了。另一只在西班牙遇到一场不同寻常的大型冰雹之后也失去了联系。这只杜鹃在前一个秋季是经过意大利南迁的，表明北迁返回时并不一定要重复相同的路线。第三只则在北上开始穿越撒哈拉沙漠不久后便失踪了。

追踪数据显示，大杜鹃几乎只在夜间迁徙，通常飞行在离地三千米到五千米的高度，或许在这一高度它们可能更容易找到有助于迁徙的强劲顺风。不过，它们往往会以持续五六十个小时的一次不间断飞行来跨越撒哈拉沙漠。我们可以想象大杜鹃们在傍晚启程，随后将经历一次没有停歇的惊人旅程：夜以继日、日以继夜地飞行，到第三天晚上仍然在路上，直到第四日拂晓才会降落，也才有机会再次觅食。

迁往非洲、又回到英国的两只大杜鹃，其迁徙路线如下页图所示，包括它们第二个年头的追踪结果也一并呈现。它俩采取了

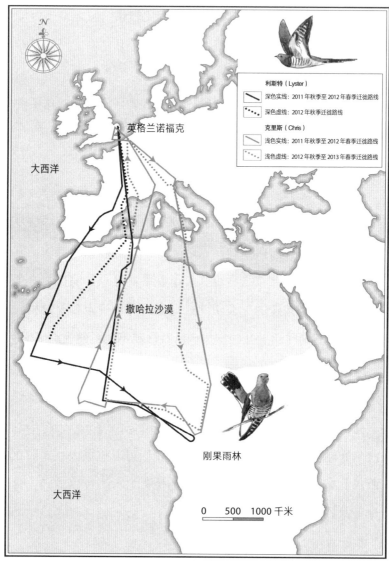

◎在英格兰诺福克捕获的两只大杜鹃雄鸟的卫星追踪迁徙路线。它们虽说都在刚果雨林越冬，但利斯特南迁时飞向西南经由西班牙，而克里斯则飞向东南经过了意大利。本图根据英国鸟类学基金会克里斯·休森和菲尔·阿特金森友情提供的数据绘制。

不同的路线，但都是在刚果民主共和国境内的同一区域内越冬。承蒙克里斯·休森和菲尔·阿特金森准许，现将英国鸟类学基金会网站上的详尽记录总结于此，以便淋漓尽致地展示它们的旅程。

利斯特的"旅行博客"：西南路线

2011 年 5 月 25 日，人们在诺福克布罗兹湿地的马瑟姆附近捕获了利斯特。它在布罗兹湿地度过了整个夏季，于 7 月 22 日动身离开，向南经法国飞到了西班牙东部，并于 7 月 27 日抵达了马德里。估计是想为下一阶段的迁徙养精蓄锐，它在马德里一处森林覆盖的山地逗留了 11 天。8 月 8 日它再次启程，跨过直布罗陀海峡，于 8 月 10 日到达摩纳哥的大西洋海岸一侧，并在那里的一处有着灌丛和水塘的地方待到了 8 月 20 日。

8 月 24 日接收到的信号显示，它已经穿越撒哈拉沙漠到了塞内加尔北部。接下来的两个月里，它一步步地向着东南迁移，于 10 月 4 日抵达布基纳法索。在那里有着开阔林地的稀树草原上度过了两周之后，在 10 月 24 日飞到了尼日利亚南部。最终，它穿过了赤道，于 10 月 29 日抵达了刚果雨林。那里也是它未来至少三个半月时间内生活的地方，接下来它于 2012 年 2 月 16 日启程北迁。

2012 年 3 月 6 日收到的信号发现，它已经向西穿过了尼日利亚。它一路向西，于 3 月 7 日抵达加纳，并在沃尔特水库边的林地停留了一个月；然后于 4 月 1 日再次出发。它可能是在利用这

段时间为春季穿越撒哈拉沙漠的旅程再一次地积蓄脂肪。

3月14日收到的信号显示，它已身处阿尔及利亚北部，几乎已越过撒哈拉沙漠。这次它选择的是一条比上年秋天穿越沙漠时更为靠东的路线。随后，它从4月15日至21日都待在阿尔及利亚沙漠地带北部的一个椰枣种植园。在此之后，它动身迁往阿特拉斯山脉，在当中的林地里又逗留了三天。在北非的这一次长时间滞留显得有些不同寻常，或许是因为它穿越撒哈拉沙漠过于疲惫。追踪的另两只大杜鹃正是在这一阶段失踪的，这表明2012年春季的北迁可能殊为不易。

利斯特于4月25日离开北非，随后迅速向北跨过地中海，并穿越了法国。4月27日它抵达巴黎以南，并于当月30日回到了诺福克布罗兹湿地，距离头一年最初被捕获的地点相距仅10千米。

利斯特又一次在布罗兹湿地度过了夏天，它四处游荡，估计是为了追寻配偶。2012年7月7日还按兵不动，但到了当月10日就开始了南迁的旅程。它在穿过法国中部之后，于7月16日抵达法国和西班牙的边境。7月17日至29日期间，它在巴塞罗那附近的一处平坦的灌溉农田里逗留。尽管采取了跟头一年相同的西南向路线，它此时却选择了更为平坦的地点养精蓄锐。8月1日，它跨过地中海抵达了阿尔及利亚北部。2012年8月8日收到的最后信号显示，它当时位于撒哈拉沙漠缘的毛里塔尼亚南部。它几乎已经穿越了该沙漠，但可能最终还是丧生于这片荒凉而严酷的环境。

克里斯的"旅行博客"：东南路线

2011 年 6 月 1 日，人们在诺福克桑顿·道纳姆附近的赛特福德森林捕获了克里斯，该位置在利斯特的捕获地点以西 70 千米。克里斯在当地逗留至 6 月 4 日，但于次日向南飞到了东萨塞克斯的巴特尔。它在巴特尔待到了 6 月 15 日，并于 17 日向东飞越过英吉利海峡抵达比利时境内，在那里的一片林地内停留至 7 月 3 日。克里斯比利斯特提早了一个月开始迁徙吗？或者它仍处于繁殖状态，在新的地点追寻雌鸟呢？

7 月 4 日，它开始向南踏上了自己的迁徙之旅，并于 7 月 6 日抵达意大利北部。克里斯在世界自然遗产地波河三角洲停留至 7 月 20 日，估计它在那片湿地里为穿越沙漠而养精蓄锐。7 月 23 日收到的信号显示，它已经身处乍得北部，正在跨越撒哈拉中部的崎岖山地。仅仅 56 个小时内，它就飞越了 2600 千米。到 7 月 26 日，它安全地完成穿越沙漠的飞行，来到乍得南部。此时这片稀树草原林地的雨季正好来临，克里斯一定是找到了理想的觅食场所，它在此停留了 10 周时间，直到 10 月 2 日。

它于 10 月 3 日再次启程，从 4 日至 9 日期间向南穿越了中非共和国，在 10 月 10 日抵达刚果民主共和国北部的雨林。跟利斯特一样，这里也是克里斯的主要越冬地，它在此待了 5 个月，直至 2012 年的 3 月 2 日。这两只在诺福克度过夏天的大杜鹃雄鸟，

竟然通过如此不同的迁徙路线到了刚果民主共和国境内的同一片越冬区域，实在是令人惊叹不已。

2012年3月3日，克里斯再度启程，并在当天就到了喀麦隆。从3月12日至15日，它在加纳南部短暂逗留，而从3月16日至4月2日则待在科特迪瓦境内。因此，它和利斯特一样都在西非度过了越冬期的第三阶段。同时，它北上跨越撒哈拉沙漠的路线也跟利斯特的相似，所用时间也相近，因为它于4月7日抵达了阿尔及利亚北部。不过接下来，它沿着更为靠东的路线穿过欧洲，在4月11日到达意大利北部。显然，它在那里遭遇了恶劣的天气，一直滞留到4月30日才再次出发。它加快行程，将耽搁的时间找补了回来，5月1日就已经到达伦敦以北的埃塞克斯。5月4日，它赶到赛特福德森林，重新回到自己上个夏天的领域之中，只比利斯特北上的行程多花了3天时间。

克里斯在赛特福德森林只待了五周半，在6月12日就早早地离开了。随后，正如它在2011年所做的那样，到比利时度过了夏季的第二阶段时光。因此，在诺福克追寻雌鸟之后，它可能又一次到英吉利海峡对岸寻觅配偶。它肯定在7月12日就开始了南下的旅行，因为当天就到了意大利北部波河流域。人们原本以为克里斯会像头一年那样在此停留休整，结果它出乎所有人的意料继续南飞，两天后就抵达了西西里岛。到7月17日，它已经几乎完全跨越撒哈拉沙漠，7月19日时抵达乍得湖以北。

除了在撒哈拉南部向西略微拐了一些弯（这可能是由于遇上了强风而稍有偏离），它沿着跟头一年相同的东南向的路线穿越了沙漠。它在乍得境内停留到了 9 月初，随后向南沿着跟上一年完全一致的路线于 9 月 26 日抵达刚果雨林。克里斯在跟 2011 年大致相同的区域内度过了冬季，直到 2013 年 3 月 6 日再次启程。

它的回程路线也跟上一年春季的相似：首先穿过西非，3 月 16 日至 4 月 1 日停留在加纳迪迦国家公园内的森林和开阔林地稀树草原——在此停留可能是为接下来的旅程积蓄脂肪。随后，它向北沿相同的路线跨越了撒哈拉沙漠，并于 4 月 4 日抵达阿尔及利亚北部。总之，在约 60 个小时内完成了 3200 千米的非凡征程。在 4 月接下来的日子里，它向北穿过了法国，但是出人意料地在法国北部一直滞留到 5 月 3 日。或许这期间它遇上了法国境内的大杜鹃雌鸟？最终，克里斯于 5 月 4 日回到了赛特福德森林的旧领域当中，并在那里待到了 6 月 21 日。

2013 年的夏末，克里斯连续的第三次南迁也为人们提供了追踪数据（并未在前面的地图中展示），这次它仍沿着同样的东南路线。6 月 21 日至 7 月 1 日，它重复了自己前往比利时的短期旅行，随后飞到了意大利北部，并在 7 月 3 日至 21 日期间于当地逗留。随后，从 7 月 22 日至 25 日，它只花了三天半的时间完成跨越撒哈拉沙漠抵达乍得南部长达 3035 千米的旅程。克里斯又在乍得南部停留了两个月，之后继续向南，并于 9 月 26 日到了它喜欢

的刚果越冬地。抵达的日期恰好跟 2012 年秋季的一样。

继第一批追踪的大杜鹃获得了令人叹服的结果之后，克里斯和菲尔在接下来的几年内追踪了更多的个体。他们在苏格兰也开展了工作，这里大杜鹃减少的状况比英格兰要好得多。了解英国不同地区的大杜鹃是否具有不同的迁徙路线和越冬地尤其有意思。截至目前，由于追踪器的质量对较轻的雌鸟而言太重了，研究者们只追踪过大杜鹃的雄鸟。技术上的进步将很快使得追踪雌鸟也变为可能。

我们仍不清楚英国大杜鹃数量急剧下降的原因，[①]但从这项精

---

① 2016 年发表的一项研究，依据英国鸟类学基金会进行的大杜鹃卫星追踪项目所获数据（2011—2014 年）指出，西南路线和东南路线的大杜鹃个体在完成跨越撒哈拉沙漠之后的死亡率上存在差异，沿西南路线迁徙个体的死亡率更高，而这些个体所在的繁殖地也存在着更为严重的大杜鹃种群数量下降。而 2020 年发表的另一项研究，根据对繁殖期英国大杜鹃粪便进行的高通量 DNA 测序和通过网络搜索获取的照片来详尽分析该种的食性。结果发现，分子遗传学证据表明，大杜鹃在繁殖季确实会高频次地取食鳞翅目蛾类，但同时也会取食直翅目和双翅目昆虫，后两者在以往依靠观察的研究中可能被忽略。在集约化农田当中，大杜鹃主要取食的鳞翅目和直翅目种类数量也呈现下降的趋势。因此，该研究认为，可能正是对包括农田在内的低海拔生境的高强度人为干预，导致了大杜鹃食物种类的减少，进而影响到大杜鹃的种群数量。但是显然，想要彻底揭开英国大杜鹃减少现象背后的奥秘，还需开展更多、更细致的长期工作。——译者注

彩的卫星追踪研究中所获取的主要信息或许具有更为广泛的意义：需要国际合作来确保大杜鹃在生命周期的各个阶段都有适宜的栖息地——这种适宜的栖息地不仅能为它们的繁殖和越冬，也能为它们在迁徙过程中的危险旅程提供保障。

第 14 章

变化中的世界

◎ 草地鹨正在饲喂已离巢出飞的大杜鹃幼鸟。

夏日正来临，

杜鹃声啼鸣！

我们即将失去春天的使者吗？

过去30年里英格兰各地大杜鹃数量的急剧下降，也体现在威肯草甸沼泽我们所记录到的变化上面。1985年，即开始研究的头一年，有14只大杜鹃雌鸟在这里寄生芦苇莺，每一只都可以根据其独特的卵色来识别。包括2013年在内的过去4年当中，威肯草甸沼泽仅有一两只大杜鹃雌鸟。2012年，这里没有一只大杜鹃雏鸟存活到了独立生活的阶段，这在我们30年的研究生涯中还是首次，可能也是几百年以来的第一次。

我们的研究记录表明，威肯草甸沼泽芦苇莺的数量并没有变化，因此大杜鹃的减少也导致了巢寄生的急剧下降，从1985年24%的芦苇莺巢遭到寄生降至2012年的仅有1%。

人类并非唯一意识到大杜鹃正在变少的物种。出乎意料的是，芦苇莺们也注意到了这一点。我们的实验显示，与20世纪80年代相比，如今的芦苇莺更不愿意接近和围攻一只成年大杜鹃，并且也更不可能排斥一枚大杜鹃卵了。这并非它们简单地减少了对所有威胁的反应，因为在过去 30 年间，芦苇莺对其他敌人，如雀鹰（捕食者）或松鸦（巢捕食）的反应激烈程度并没有任何降低。

芦苇莺降低了对大杜鹃的防御，是因为如今巢寄生的威胁变小了吗？它们行为上的这种变化自有其道理。在之前的章里面，我们已经看到防御很消耗能量。大杜鹃长得像鹰，因此芦苇莺若要靠近巢里的一个大杜鹃似的天敌其实非常危险。一不小心就可能丢了性命。大杜鹃的卵拟态了寄主的卵，寄主有时会错误地排斥自己的卵，所以也会有潜在的代价。倘若芦苇莺察觉到大杜鹃已经很少或消失了，那么最好的选择就是避免去冒险犯错。当入室盗窃风险较低时，我们在昂贵的财产安保措施上的投入也会减少。芦苇莺也是一样，在巢寄生风险减低之后，它们对相应防御的投入也随之变少。

芦苇莺为何能适应得这么快呢？种群有时通过遗传改变来适应变化中的世界。达尔文认为，通过自然选择来进行的演化将非常缓慢，我们永远没有办法观察到这些变化的进程。实际上，《物种起源》里面就没有记录任何正在进行中的演化，而只有过去演化的结果。达尔文在一段著名的文字中这样写道：

自然选择每日每刻都在满世界地审视着哪怕是最轻微的每一个变异，清除坏的，保存并积累好的；……我们看不出这些处于进展之中的缓慢变化，直到时间之手标示出悠久年代的流逝。[①]

然而，在自然界中遗传变异具有很强的选择优势，以至于在几年之内就能观察到演化的发生，我们现在知道了很多这方面的例证。

德国拉多尔夫采尔马克斯·普朗克鸟类研究所[②]的彼得·贝特霍尔德（Peter Berthold）和同事发现了一个由于气候变化导致鸟类迁徙行为发生改变的奇妙例子。在过去的 40 年之内，到英国和爱尔兰越冬的黑顶林莺数量持续增长。最初，人们认为这是由于冬季气候变暖，致使在英国和爱尔兰本地的繁殖个体留了下来。但是，环志回收的证据表明，这些越冬个体源自欧洲中部，它们形成了一种全新的迁徙习性：秋季从欧洲大陆向西北迁徙，而不再沿袭传统路线，向西南方向迁至地中海区域。贝特霍尔德将黑顶林莺饲养在小笼子里面，从而可以在实验室条件下研究它们的迁徙方向。迁徙季节期间，这些饲养的黑顶林莺会在笼子特定的一

---

① 引自《物种起源》，苗德岁译，译林出版社 2018 年版。——译者注

② 2020 年，在博登湖畔拉多尔夫采尔马克斯·普朗克鸟类研究所研究团队的基础上新成立了马克斯·普朗克动物行为研究所。马克斯·普朗克鸟类研究所曾经有两处办公地：一处在拉尔多夫采尔，另一处则在慕尼黑附近。马克斯·普朗克动物行为所成立之后，马克斯·普朗克鸟类研究所就专指位于慕尼黑附近的研究机构了。——译者注

侧扑腾，显示它们想要迁飞的方向。当对在英国越冬的黑顶林莺进行类似的测试时，发现它们秋季有朝西北方向迁飞的趋势，跟传统的西南向路线有着 70° 的偏移。此外，将英国越冬的个体进行圈养，则发现它们的后代也继承了上述新的迁徙方向。

　　在过去冬季更加严酷的时候，具有这种新迁徙方向突变的黑顶林莺会被自然选择淘汰。但是现在新的迁徙习性却在蓬勃发展，一方面英国冬季气候变暖，另一方面花园里的喂食器和近几十年来种植的冬季结果的灌木都有利于越冬的黑顶林莺。这些新形成的迁徙种群缩短了前往越冬地的迁徙距离，在春季时也可以更早地回到欧洲中部的繁殖地。埃克塞特大学的斯图尔特·贝尔霍普（Stuart Bearhop）和同事发现，这些黑顶林莺能够获得最好的繁殖领域，并且可以产生更多的后代。他们还发现，抵达繁殖地时间的不同，使得只有源自同一越冬地的个体才会彼此交配繁殖。比如，在英国越冬的雄鸟会更早抵达繁殖地，会倾向于跟早到的雌鸟配对，而这些雌鸟同样也在英国越冬。如此一来，便减少了具有不同迁徙习性个体之间的基因交换，从而加速了新迁徙行为的演化。

　　威肯草甸沼泽里芦苇莺对大杜鹃的防御行为迅速减弱，这是否也属于自然选择所致的演化改变呢？我和同事对此持怀疑态度。这不仅是因为我们的演算表明这种防御行为减弱的速度太快，而不像是遗传变化所导致的行为改变；而且，从实验数据中我们也

知道，芦苇莺的不同个体在防御大杜鹃方面也表现出了相当大的灵活性。当我们将大杜鹃成鸟的标本放到巢里时，芦苇莺确实更有可能排斥卵。它们围攻标本时所发出的叫声也会吸引来邻居，从而提高了邻近个体回到自己巢之后的防御级别。由此而引发的防御变化幅度，跟我们在过去30年内所见证的芦苇莺防御减弱程度相当。因此，我们记录到的种群变化很可能完全是其行为灵活性的反映。芦苇莺监控着周围大杜鹃的活动情况，因此当它们认为巢寄生风险较低时，也就相应减少了防御。

为什么芦苇莺对大杜鹃有着如此灵活的防御态势呢？在欧洲大陆的多数地区和英国全境，芦苇莺的种群通常都局限在广袤农业用地里的岛状湿地当中。因此，局部范围内的大杜鹃数量往往也不大，巢寄生的风险在相邻地点和不同年份之间也容易发生变化。另外，环志回收数据显示，有的芦苇莺幼鸟第二年会回到出生地繁殖，而有的则会扩散至最远200千米以外的地方繁殖（平均扩散距离为50千米），所以它们所遭遇的巢寄生率可能跟自己父母所经历的不同。当遭遇天敌的概率有着如此细微的时空变化时，个体根据当地具体的风险来调整自己的防御措施就很有意义了。

例如，20世纪80年代中期在威肯草甸沼泽的巢寄生率比较高，年际变化在16%至24%不等。当时，我们的实验显示，芦苇莺排斥掉了74%拟态不好的模型卵。然而，就在11千米之外的另一块面积不大的芦苇荡，由于没有大杜鹃的威胁，那里的芦苇莺就接受了我们所有的模型卵。一项对比欧洲各地不同种群的分析表明，芦苇莺依据巢寄生风险的不同来改变自己排斥卵的强度。一旦具备了应对这种局部巢寄生变化的能力，随着大杜鹃数量的减少，它们的防御也会相应地减弱。

　　其他的一些例子也表明，鸟类是通过个体行为的灵活性，而非种群的基因改变来适应快速变化的环境。在 1961 至 2007 年的 47 年间，牛津附近怀特姆树林（Wytham Woods）里的大山雀雌鸟已将它们的产卵时间提前了 14 天。[1] 变化主要始于 20 世纪 70 年代中期，从那时起春季气温呈明显上升趋势。这导致了橡树叶和冬季蛾（*Operophtera brumata*）毛虫的提前出现，毛虫主要以橡树叶为食，并且也构成了大山雀雏鸟的主要食物。大山雀的产卵期提前完美地追随了这些更早现身的春季物候，因此它们的雏鸟在巢的时机依然正好跟毛虫的高峰期相吻合。牛津大学的安妮·查曼蒂尔（Anne Charmantier）、本·谢尔登（Ben Sheldon）和同事的研究表明，这种产卵日期的变化完全取决于单个的大山雀雌鸟在产卵时间上的灵活性，或许是对春季温度、树叶萌发或其他跟食物

---

[1] 在怀特姆树林针对大山雀的研究始于 1947 年，由时任牛津大学爱德华·格雷野外鸟类学研究所所长的大卫·拉克（1910—1988）最早开启，如今已成为全世界生物学领域持续时间最长的野外研究项目之一，产生了大量的宝贵科研数据。——译者注

高峰期有关线索的直接响应。

　　芦苇莺和大山雀分别通过个体化的灵活防御及繁殖时间来跟上变化着的世界。但是，它们做出如此有效的反应的能力取决于可靠的变化线索，例如观察到更少的大杜鹃或者察觉到春天提前到来。但这些线索缺失的时候，个体将不可能通过行为改变来跟上周遭的变化。例如，很多在撒哈拉以南非洲越冬且长距离迁徙的候鸟，如今在抵达欧洲北部的繁殖地时就已错过了提前到来的春季食物高峰期。因为，春季它们离开非洲越冬地是由白昼长度的变化所触发，而这种由地球自转引起的变化并不会受到气候变化的影响。自然选择现在将会青睐那些提前离开越冬地的个体，不过种群需要时间才能演化出一种新的习性。目前尚不清楚，基因变化在多大程度上能使动物跟上眼下这个快速变化的世界。

　　自从生命诞生以来，动物和植物就在不停地演化以适应环境的变化，例如像大陆漂移和冰河时代这样的大尺度变化。几千年来，它们还要面对由人类所引发的改变，如我们祖先的砍伐森林、焚毁草原、淹没土地或排干土地中的水。但是，眼下这种变化的规模和速度前所未有，这其中就包括气候变化、栖息地破坏及破碎化、更为集约化的农业和渔业、城市化，以及由入侵物种、病原体和寄生生物所构成的新的生物环境。我还是个小男孩的时候，曾认为春天到来总会听到大杜鹃的叫声，炎炎夏日里会永远有普通雨燕掠过天空。然而，这两种鸟类的种群数量以及许多其他熟悉的鸟类正以惊人的速度减少，这也意味着我们肯定是最后一代把自然世界视为理所应当的人。我在剑桥大学的同事，保护生物学教授安德鲁·巴姆福德（Andrew Balmford）最近的一次报告的题目就很好地抓住了我们所面临的两难境地："如何在不牺牲地球的前提下养活人类"（How to feed the world without costing the earth）。

我们改善地球环境的方式有很多，其中之一就是保护及创造更适宜野生动物的栖息地。比如，现在已经有计划要扩大英格兰东部古老草甸沼泽湿地的面积，以此来部分地补偿受到上涨海水威胁而即将消失的滨海湿地。英国皇家鸟类保护协会（Royal Society for the Protection of Birds，RSPB）在莱肯希思创立的新保护区正是一个鼓舞人心的例证，说明人类在短时间内也能有所成就。1996 至 2004 年间，在诺福克和萨福克交界的小乌斯河以南，从 17 世纪至 19 世纪被反复排干并在 20 世纪 50 年代被改造为农田的土地上恢复出来一块面积 200 公顷的湿地。该保护区的发展由第一任主管诺曼·西尔斯（Norman Sills）和皇家鸟类保护协会的首席生态学家格拉汉姆·海伦斯（Graham Hirons）主导，他们不仅致力于将胡萝卜田改造成镶嵌着河漫滩、池塘和湿润草地的环境，而且人

工种植了 30 多万株芦苇苗。当保护区建立的时候，购买土地和将其转变为一个湿地保护区所花的费用是 150 万英镑，而在剑桥不错的地段购买一个带四间卧室的独栋住宅差不多就要花这么多钱。

到了 2010 年，这个新的保护区里已经拥有了数量众多的英国最具特色的湿地鸟类种群。其中，12 对白头鹞那一年就抚养大了 30 只幼鹞。此外还有 4 对大麻鳽、超过 100 对文须雀和上百对芦苇莺。其中最为激动人心的是 400 年来灰鹤首次在该区域内繁殖。1544 年，威廉·特纳曾在他的书中写道："灰鹤繁殖于英格兰的沼泽地带。我自己就经常见到幼鹤。"然而，早在这片沼泽被大量排干之前的 100 年，16 世纪英国境内的繁殖灰鹤便渐渐绝迹。1251 年，英王亨利三世宴席的菜单点明了它们消失的可能原因，这份菜单上包括 115 只灰鹤，同时还有 430 头马鹿、1300 只野兔、2100 只灰山鹑、395 只天鹅、120 只孔雀和不计其数的七鳃鳗。

灰鹤优美的形象，飞行时所体现出的力量和优雅，以及忧郁的鸣叫声，使得它们在很多神话当中都成为机敏、智慧、长寿和好运的象征。它们常被认为是来自天堂的鸟儿，其强有力的翅膀可以带给人类更大的精神启蒙。它们也是荒野的完美代表，而对灰鹤这种"伞护种"的保护将确保更广泛的生物多样性的延续。如今，灰鹤已扩散到了围绕大乌斯河和宁河的河漫滩恢复及扩展的其他保护区。现在也有计划要创造一片大的湿地，将伍德沃顿草甸沼泽和霍姆草甸沼泽这两个国家自然保护区连接起来；同时还要扩大威肯草甸沼泽，或许还会向南扩展至剑桥。

写作本书这最后几段的时候，正值早春 4 月，我再次回到威肯草甸沼泽为接下来的繁殖季做准备。大杜鹃和芦苇莺将会离开它们撒哈拉以南的越冬地，开始其北上的旅程。我为它们即将到来感到兴奋，因为我又将听到它们的歌唱，找到夏日里的第一个巢，以及第一窝被大杜鹃寄生的芦苇莺。

白头鹞已经开始在芦苇荡中筑巢，我仰躺在岸边，惊叹于雄鸟在沼泽上空那精彩纷呈的求偶炫耀。随着早晨阳光温热中逐渐形成的上升气流，白头鹞上举着两翼开始悄无声息地盘旋，它们飞得太高了，在蔚蓝的天空或翻腾的白云的衬托下，我用肉眼很难找到它们。当达到最高的时候，它们便开始作波浪状起伏的飞翔，缓慢地振翅，伴随着炫酷的俯冲和翻滚。它们翼上银色的飞羽在阳光下如同镜子般闪耀，还一直发出两音节的"way-ee，way-ee"叫声。这种炫耀可能持续 10 到 20 分钟，最后雄鸟会收起或半收起两翼俯冲而下，并在下坠的过程中旋转、摆动身体，有时会在完成翻转一整圈之后再度掠起。

我看着雄鸟的表演，心里却想着白头鹞先祖在威廉·特纳的时代所能见到的广袤荒野。我不知道它们的后裔是否有一天会再

次翱翔在一大片湿地的上空，这片湿地会一直延伸至 15 千米之外我所生活的剑桥城。与此同时，再有一周左右的时间，我的芦苇莺就会从夜空之中降落到这片小小的沼泽里。我希望有些大杜鹃会随之而来，以它们神奇的繁殖习性和预示春天的叫声再次让博物学家们激动不已。

参考文献

前言

更多关于大杜鹃和人类文化的内容，参见 Mark Cocker 和 Richard Mabey 所著的 *Birds Britannica*（Chatto & Windus，2005）；Mark Cocker 和 David Tipling 所著的 *Birds and People*（Jonathan Cape，2013）；Michael McCarthy 所著的 *Say Goodbye to the Cuckoo*（John Murray，2009）。Hesiod 对于大杜鹃的早期描述，参见 M. L. West 所著的 *Hesiod: Works & Days*（Oxford University Press，1978）。《泰晤士报》上刊登的来信引自 Kenneth Gregory 所著的 *The First Cuckoo: Letters to The Times Since 1900*（Allen & Unwin，1976）。2 月采集的大杜鹃标本，引自 Michael Walters 所著的 *A Concise History of Ornithology*（Helm，2003）。

Jane Taylor 的诗，来自 Benjamin Britten 写的一组歌 *Friday Afternoons*。Ted Hughes 的诗句出自他的诗作 *Cuckoo*，参见 Ted Hughes 所著、Paul Keegan 主编的 *Collected Poems*（Faber and Faber，2003）。

Turner 关于鸟类的书，指 W. Turner 所著的 *A Short and Succinct History of the Principal Birds Noticed by Pliny and Aristotle* (1544)，由 A. H. Evans 主编（Cambridge University Press，1903）。

有关观鸟的乐趣和给人以启发的一段美妙描写，参见 Jeremy Mynott 所著的 *Birdscapes: Birds in Our Imagination and Experience* （Princeton University Press，2009）。

第 1 章　巢中的大杜鹃

关于亚里士多德对大杜鹃在其他鸟类巢中产卵的内容，参见 A. L. Peck 所著 *Aristotle: Historia Animalium* 第 2 卷（Heinemann，1970）；他有关大杜鹃雏鸟排斥寄主卵的内容，参见 W. S. Hett 所著 *Aristotle: Minor Works. On Marvellous Things Heard*（Heinemann，1936）。引用 Frederick II of Hohenstaufen 在 1248 年的话，出自 C. A. Wood 和 F. M. Fyfe 所著 *The Art of Falconry, Being the De arte venandi cum avibus of Frederick the Second of Hohenstaufen*（Stanford University Press，1943）。

Sir John Clanvowe 于 1341 至 1391 年的诗，出自 *The Boke of Cupide, God of Love, or The Cuckoo and the Nightingale*，由 Dana M. Symons 主编（Western Michigan University，2004），参见以下网址：http://www.lib.rochester.edu/camelot/teams/sym1frm.htm。

引用 John Ray 的内容，出自他所著的 *The Ornithology of*

Francis Willughby（John Martyn，1678）。拜 Tim Birkhead 所赐，我才注意到了这本书。John Ray 对于鸟类学的影响，参见 Tim 的佳作 *The Wisdom of Birds*（Bloomsbury，2008）。

Hérissant 研究大杜鹃胃的论文 1752 年发表于 *Histoire de L'Académie Royale*，417–423 页。Gilbert White 讨论大杜鹃的多封信件出自 1789 年版的 *The Natural History of Selborne*，由 R. Mabey 主编（Penguin，1977）。Edward Jenner 有关大杜鹃研究的经典论文 1788 年发表于 *Philosophical Transactions of the Royal Society of London*，第 78 卷，219–237 页。关于寄主仁慈的内容出自 J. M. Bechstein 所著 *Gemeinnützige Naturgeschichte Deutschlands* Bd 2（Crusius，Leipzig，1791）。有关大杜鹃的其他早期文献，参见 K. Schulze-Hagen 等 2009 年发表于 *Journal of Ornithology* 上的论文，第 150 卷，1–16 页。以及 N. B. Daives 所著的 *Cuckoos, Cowbirds and Other Cheats*（T. & A. D. Poyser，2000），该书回顾了所有的巢寄生鸟种。

Charles Willson Peale 对美洲杜鹃类亲代抚育行为的论述，引自 Richard Conniff 所著的 *The Species Seekers: Heroes, Fools and the Mad Pursuit of Life on Earth*（Norton，New York，2011）。

依据分子遗传学证据得出的杜鹃类系统发育树，出自 Michael Sorenson 和 Robert Payne 的研究，引自 R. B. Payne 所著 *The Cuckoos*（Oxford University Press，2005）。Richard Dawkins 和 John Krebs 关

于演化"军备竞赛"的经典论文于 1979 年发表在 *Proceedings of the Royal Society B*，第 205 卷，489–511 页。

第 2 章　大杜鹃如何产卵

Edgar Chance 写过两本关于大杜鹃的书：*The Cuckoo's Secret*（Sidgwick & Jackson，1922）和 *The Truth about the Cuckoo*（Country Life，1940）。

Baldamus 和 Rey 的研究均以德文发表，分别是：E. Baldamus 所著 *Das Leben der Europäischen Kuckucke*（Parey，1892），E. Rey 所著 *Altes und Neues aus dem Haushalte des Kuckucks*（Freese，1892）。Alfred Newton 对于大杜鹃不同族群的描述，引自 *A Dictionary of Birds*（A. & C. Black，1893）。Karsten Gärtner 的研究分别于 1981 年发表在 *Ornithologische Mitteilungen*，第 33 卷，115–131 页；1982 年发表在 *Die Vogelwelt*，第 103 卷，201–224 页。

关于大杜鹃不同族群之间遗传差异的内容，参见 F. Fossøy 等 2011 年发表于 *Proceedings of the Royal Society B* 的论文，第 278 卷，1639–1645 页。

Mike Bayliss 于 1988 年在 *BTO News* 第 159 卷上报道了他所发现的大杜鹃产卵数记录，第 7 页。

第3章 威肯草甸沼泽

有关威肯草甸沼泽的历史及该保护区和当地动物的更多内容，参见由 Laurie Friday 编著的 *Wicken Fen: the Making of a Wetland Nature Reserve*（Harley Books，1997）。草甸沼泽的历史，参见 Oliver Rackham 所著 *The History of the Countryside*（Dent，1986），以及 Ian D. Rotherham 的 *The Lost Fens: England's Greatest Ecological Disaster*（The History Press，2013）。Guthlac 诗歌的翻译，引自 S. A. J. Bradley 所著 *Anglo-Saxon Poetry*（Everyman，2004）。

Eric Ennion 对观鸟和在草甸沼泽内作画的描述，引自他所著的三本书：*Adventurers Fen*（Methuen，1942）；*Birds and Seasons*（Arlequin Press，1994）；*One Man's Birds*（The Wildlife Art Gallery，Lavenham，2004）。对于古老的草甸沼泽以及 Ennion 笔下沼泽今日状况富有感情的描述，参见 Tim Dee 的佳作 *Four Fields*（Jonathan Cape，2013）。

第4章 春天的使者

关于苇莺的更多内容，参见 Bernd Leisler 和 Karl Schulze-Hagen 编著的 *The Reed Warblers: Diversity in a Uniform Bird Family*（KNNV Publishing，2011）。威肯草甸沼泽芦苇莺繁殖行为的详细介绍，参见 N. B. Davies 等 2003 年发表于 *Animal Behaviour* 第 65 卷的论文，285-295 页。有关鸟类中配偶忠诚及婚外配行为的讨

论，参见 Tim Birkhead 所著的 *Promiscuity: an Evolutionary History of Sperm Competition and Sexual Conflict*（Faber & Faber，2000）。

关于无线电遥测大杜鹃的研究，参见：I. Wyllie 所著 *The Cuckoo*（Batsford，1981）；H. Nakamura & Y. Miyazawa 1997 年发表于 *Japanese Journal of Ornithology* 第 46 卷的论文，23-54 页；M. Honza 等 2002 年发表于 *Animal Behaviour* 第 64 卷的论文，861-868 页。距大杜鹃的制高点栖枝更近的寄主巢，有着更高被寄生概率的研究，参见：F. Alvarez 于 1993 年发表在 *Ibis* 第 135 卷的论文，331 页；I. J. Øien 等 1996 年发表于 *Journal of Animal Ecology* 第 65 卷的论文，147-153 页；以及 J. A. Welbergen & N. B. Davies 2009 年发表于 *Current Biology* 第 19 卷的论文，235-240 页。对大杜鹃父权确认和婚配制的研究，参见：D. A. Jones 等 1997 年发表于 *Ibis* 第 139 卷的论文，560-562 页；以及 K. Marchetti 等 1998 年发表于 *Science* 第 282 卷的论文，471-472 页。就不同的大杜鹃雌鸟会产特定卵色类型卵的 DNA 图谱证据，参见 A. Moksnes 等 2008 年发表于 *Journal of Avian Biology* 第 39 卷的论文，238-241 页。

第 5 章　扮演大杜鹃

有关大杜鹃的寄主对自己巢内的陌生卵会做何反应的开创性实验研究，参见：E. C. S. Baker 于 1913 年发表在 *Ibis* 第 55 卷的论文，384-398 页；以及 1923 年发表于 *Proceedings of the Zoological*

Society of London 的论文，277–294 页。还有 C. F. M. Swynnerton 于 1918 年发表在 *Ibis* 第 60 卷的论文，127–154 页。我和 Mike Brooke 在威肯草甸沼泽对大杜鹃和芦苇莺所做的实验研究，参见 N. B. Davies & M. de L. Brooke 于 1988 年发表在 *Animal Behaviour* 第 36 卷的论文，262–284 页。还可参见 M. C. Stoddard 和 R. M. Kilner 于 2013 年发表在 *Animal Behaviour* 第 85 卷的论文，693–699 页。

Wallace 对伪装的讨论，参见他的著作 *Darwinism: an Exposition of the Theory of Natural Selection with Some of its Applications*（Macmillan，1889）。

就大杜鹃如何在芦苇莺巢内产卵的详细研究，参见 A. Moksnes 等 2000 年发表于 *Ibis* 第 142 卷的论文，247–258 页。Anton Antonov 等 2012 年发表于 *Chinese Birds* 第 3 卷的论文，245–258 页，探讨了为何大杜鹃和其他巢寄生鸟类所产卵具有较厚实卵壳的原因。

第 6 章　围绕卵的"军备竞赛"

关于多种寄主种类对模型卵反应的研究，参见：N. B. Davies 和 M. de L. Brooke 于 1989 年发表在 *Journal of Animal Ecology* 第 58 卷的论文，207–224 页和 225–236 页；A. Moksnes 等 1991 年发表于 *Auk* 第 108 卷，348–354 页；以及 A. Moksnes 等同年发表于

Behaviour 第 116 卷的论文，64–89 页。John Owen 关于大杜鹃寄生林岩鹨的研究，1933 年发表于 *Report of the Felsted School Science Society* 第 33 卷的论文，25–39 页。有关专性寄生林岩鹨的大杜鹃产特定类型卵的证据，参见 M. de L. Brooke & N. B. Davies 于 1988 年发表在 *Science* 第 335 卷的论文，630–632 页。有关英国大杜鹃不同族群之间的遗传差异，参见 H. L. Gibbs 等 2000 年发表于 *Nature* 第 407 卷的论文，183–186 页。

关于大杜鹃卵对寄主卵的拟态在寄主眼中看起来究竟怎样的研究，参见：M. C. Stoddard 和 M. Stevens 于 2010 年发表在 *Proceedings of the Royal Society B* 第 277 卷的论文，1387–1393 页；以及 2011 年发表于 *Evolution* 第 65 卷的论文，2004–2013 页。关于大杜鹃演化出更厚的卵壳以应对寄主的弃卵行为，参见 C. N. Spottiswoode 于 2010 年发表在 *Journal of Evolutionary Biology* 第 23 卷的论文，1792–1799 页。

关于水蚤与其细菌寄生者之间"军备竞赛"的研究，参见 E. Decaestecker 等 2007 年发表于 *Nature* 第 450 卷的论文，870–873。

关于大杜鹃对英国寄主种类的寄生率，参见 M. de L. Brooke 和 N. B. Davies 于 1987 年发表在 *Journal of Animal Ecology* 第 56 卷的论文，873–883 页。有关林岩鹨可能是新近才成为大杜鹃寄主，以及演化出排斥寄生卵的行为所需时间的研究，参见 N. B. Davies 和 M. de L. Brooke 于 1989 年发表在 *Journal of Animal Ecology* 第 58

卷的论文，225–236 页。

第 7 章　真与假

回忆 Charles Swynnerton 的内容，参见：G. A. K. Marshall 于 1938 年发表在 *Nature* 第 142 卷的文章，198–199 页；以及 M. J. Kimberley 于 1990 年发表在 *Heritage* 第 9 卷的文章，47–61 页。Swynnerton 关于卵色的经典论文于 1918 年发表在 *Ibis* 第 60 卷，127–154 页。R. M. Kilner 有关鸟类卵色及其图案的综述于 2006 年发表在 *Biological Reviews* 第 81 卷，383–406 页。B. Igic 等 2012 年发表在 *Proceedings of the Royal Society B* 第 279 卷的论文（1068–1076 页）显示，大杜鹃在卵壳中使用了跟寄主相同的色素来实现对寄主卵色的拟态。

关于卵色的图案演化为防伪印记，作为对巢寄生回应的证据，参见：B. G. Stokke 等 2002 年发表于 *Evolution* 第 56 卷的论文，199–205 页；以及，J. J. Soler 和 A. P. Møller 1996 年发表在 *Behavioural Ecology* 第 7 卷的论文，89–94 页。Claire Spottiswoode 和 Martin Stevens 在非洲对山鹪莺卵色印记和寄生织雀对寄主卵的拟态，参见：C. N. Spottiswoode 和 M. Stevens 于 2010 年发表在 *Proceedings of the National Academy of Sciences of the USA* 第 107 卷上的论文，8672–8676 页；2011 年发表在 *Proceedings of the Royal Society B* 第 278 卷上的论文，3566–3573 页；2012 年发表

在 *American Naturalist* 第 179 卷上的论文，633−648 页。关于 Pete Leonard 为 John Colebrook-Robjent 少校所写的讣告，参见 2008 年第 16 卷 *Bulletin of the African Bird Club*，第 5 页。有关 John Colebrook-Robjent 少校更富色彩的记述，以及他和 Claire Spottiswoode 之间非凡的合作，参见 Tim Dee 所著的 *The Running Sky*（Jonathan Cape，2009）。经由 Claire Spottiswoode 和 Ian BruceMiller 的慷慨允许，本书才得以摘录少校的日记。

有关西印度群岛的伊斯帕尼奥拉岛及印度洋毛里求斯这类没有寄生性杜鹃分布的岛屿引入黑头织雀的故事，参见 David Lahti 于 2003 年发表在 *Animal Biodiversity and Conservation* 第 26 卷的论文，45−55 页。我感谢 David 提供且翻译了 Médéric Louis Élie Moreau de Saint-Méry 著作 *Description topographique, physique, civile, politique et historique de la partie française de l'isle Saint-Domingue* 中的相关内容（Chez Dupont，Paris，1797），426 页。关于 1783 年在海地特隆凯门出现的织雀繁殖群的记述，参见 W. D. Fitzwater 于 1971 年出版的 *Pest Control* 中所写的伊斯帕尼奥拉岛的织雀，39 页、19−20 页、56−59 页。David Lahti 对黑头织雀不再受到杜鹃寄生，从而失去了卵色印记的研究，分别于 2005 年发表在 *Proceedings of the National Academy of Sciences of the USA* 第 102 卷（18057−18062 页）和 2006 年发表在 *Evolution* 第 60 卷（157−168 页）。他有关太阳辐射影响卵色的论文，于 2008 年发表在 *Auk* 第

125 卷，796-802 页。

关于寄主如何学习自己的卵长什么样的研究证据，参见：A.
Lotem 等 1995 年发表于 *Animal Behaviour* 第 49 卷的论文，1185-
1209 页；以及 S. I. Rothstein 于 1957 年发表在 *Animal Behaviour* 第
23 卷的论文，268-278 页。有关芦苇莺如何根据被寄生的风险
来改变其对寄生卵排斥阈值的研究，参见 N. B. Davies 等 1996 年
发表在 *Proceedings of the Royal Society B* 第 263 卷的论文，925-
931 页。

第 8 章　伪装专家

Henry Walter Bates 关于拟态的经典论文，于 1862 年发表在
Transactions of the Linnean Society of London 第 23 卷，495-566 页。
华莱士的传记，参见 Peter Raby 所著 *Alfred Russel Wallace: a Life*
（Random House，2002）。华莱士就杜鹃拟态鹰属猛禽的观点，参
见华莱士所著的 *Darwinism: an Exposition of the Theory of Natural
Selection with Some of its Applications*（Macmillan，1889）。华莱士
认为，杜鹃通过拟态鹰属猛禽而避免招致后者的攻击，并因此而
获益。关于杜鹃被鹰属猛禽捕食的情况要小于预期的研究，参见
A. P. Møller 等 2012 年发表于 *Journal of Avian Biology* 第 43 卷的论
文，390-396 页。

有关雀鹰"愚蠢行为"的描述出自 W. K. Richmond 所著 *British*

Birds of Prey（Lutterworth，1959），Mark Cocker 和 Richard Mabey 编著的 *Birds Britannica* 当中也有引述（Chatto & Windus，2005）。Ted Hughes 的诗为 Hawk roosting，选自他自己所著、Paul Keegan 主编的 *Collected Poems*（Faber & Faber，2003）。

更多有关杜鹃拟态鹰属猛禽的内容，参见 T.-L. Gluckman & N. I. Mundy 于 2013 年发表在 *Animal Behaviour* 第 86 卷的论文，1165-1181 页。寄生性杜鹃具有更接近鹰属猛禽的羽饰，尤其在腹部的横纹更是突出，相关内容参见 O. Krüger 等 2007 年发表在 *Proceedings of the Royal Society B* 第 274 卷的论文，1553-1560 页。实验表明，大杜鹃更为接近鹰属猛禽的拟态，有利于接近芦苇莺巢，相关研究参见 J. A. Welbergen 和 N. B. Davies 于 2011 年发表在 *Behavioural Ecology* 第 22 卷的论文，574-579 页。关于寄主袭扰杜鹃从而减少被寄生的研究，参见：J. A. Welbergen & N. B. Davies 于 2009 年发表在 *Current Biology* 第 19 卷的论文，235-240 页；以及 W. E. Feeney 等 2012 年发表于 *Animal Behaviour* 第 84 卷的综述，3-12 页。

实验显示芦苇莺袭扰大杜鹃的行为具社会传播性的研究，相关研究参见：N. B. Davies 和 J. A. Welbergen 于 2009 年发表在 *Science* 第 324 卷的论文，1318-1320 页；D. Campobello 和 S. G. Sealy 于 2011 年发表在 *Behavioural Ecology* 第 22 卷的论文，422-428 页；以及 R. Thorogood 和 N. B. Davies 于 2012 年发表在 *Science*

第 337 卷的论文，578-580 页。

第 9 章 怪诞的本能

亚里士多德提及大杜鹃雏鸟排斥寄主雏鸟的内容，参见 W. S. Hett 所著 *Aristotle: Minor Works. On Marvellous Things Heard*（Heinemann 出版社，1936）。Jenner 的精妙描述于 1788 年发表在 *Philosophical Transactions of the Royal Society of London* 第 78 卷，219-237 页。更多的早期记载，参见：J. Blackwall 于 1824 年发表在 *Memoires of the Literary and Philosophical Society of Manchester, second series* 第 78 卷的论文，441-472 页；G. Montagu 所著 *Ornithological Dictionary of British Birds* 第二版（London，1831）；E. Baldamus 所著 *Das Leben der Europäischen Kuckucke*（Parey，1892）。

捷克共和国境内芦苇莺和大苇莺排斥巢内大杜鹃雏鸟的行为，参见 M. Honza 等于 2007 年发表在 *Journal of Avian Biology* 第 38 卷的论文，385-389 页。关于英国境内草甸沼泽芦苇莺排斥大杜鹃雏鸟的研究，参见 I. Wyllie 所著 *The Cuckoo*（Batsford，1981）。

G.Montagu 最早指出大杜鹃卵在雌鸟体内可能已经开始孵化，参见他所著 *Ornithological Dictionary*（London，1802）。最早清晰证明这一点的研究，参见 T. R. Birkhead 等于 2011 年发表在 *Proceedings of the Royal Society B* 第 278 卷的论文，1019-1024 页。

关于鸟类及其他动物里的胞亲竞争，参见 D. W. Mock & G. A.

Parker 所著 *The Evolution of Sibling Rivalry*（Oxford，1997）。响蜜
䴕雏鸟以喙端的钩突攻击寄主雏鸟的研究，参见 C. N. Spottiswoode
& J. Koorevaar 于 2012 年发表在 *Biology Letters* 第 8 卷的论文，
241-244 页。某种蜂虎和某种翠鸟雏鸟就用喙端的钩突在食物短
缺时攻击自己兄弟姐妹的研究，参见：D. M. Bryant 和 P. Tatner 于
1990 年发表在 *Animal Behaviour* 第 39 卷的论文，657-671 页；以
及 S. Legge 于 2002 年发表在 *Journal of Avian Biology* 第 33 卷的论
文，159-166 页。

利用实验证明芦苇莺对大杜鹃雏鸟缺乏排斥行为的研究，参
见 N. B. Davies 和 M. de L. Brooke 于 1988 年发表在 *Animal Behaviour*
第 36 卷的论文，262-248 页。大杜鹃雏鸟对寄主可能有种"成瘾
般的"作用，相关研究参见 R. Dawkins 和 J. R. Krebs 于 1979 年发
表在 *Proceedings of the Royal Society B* 第 205 卷的论文，489-511
页。Arnon Lotem 关于为何从理论上讲寄主可能注定要接受大杜鹃
雏鸟的研究，1993 年发表在 *Nature* 第 362 卷，743-745 页。

澳大利亚原住民传说里关于为何杜鹃不抚育自己后代的内
容，参见 http://newsok.com/the-cuckoos-rebellion/article/2626984。
原住民关于华丽细尾鹩莺不会排斥霍氏金鹃寄生卵的内容，参
见 S. C. Tidemann 和 T. Whiteside 所著 *Ethno-Ornithology: Birds and
Indigenous People, Culture and Society*（London，Earthscan，2011），
153-179 页。有关澳大利亚的寄主种类会排斥金鹃类雏鸟的研究，

参见：N. E. Langmore 等于 2003 年发表在 *Nature* 第 422 卷的论文，157−160 页，于 2009 年发表在 *Behavioural Ecology* 第 20 卷的论文，978−984 页；N. J. Sato 等于 2010 年发表在 *Biology Letters* 第 6 卷的论文，67−69 页；以及 K. Tokue & K. Ueda 于 2010 年发表在 *Ibis* 第 152 卷的论文，835−839 页。金鹃雏鸟对寄主雏鸟的拟态，参见 N. E. Langmore 于 2011 年发表在 *Proceedings of the Royal Society B* 第 278 卷的论文，2455−2463 页。

对英国大杜鹃与寄主间"军备竞赛"的历史的研究，参见 H. L. Gibbs 等 2000 年发表于 *Nature* 第 407 卷的论文，183−186 页。关于金鹃类产深色的、在巢中不易被发现的卵的研究，参见 N. E. Langmore 等于 2009 年发表在 *Animal Behaviour* 第 78 卷的论文，461−468 页。

第 10 章　乞食的花招

关于寄主因育雏期过长而抛弃杜鹃雏鸟的研究，参见：T. Grim 等于 2003 年发表在 *Proceedings of the Royal Society B* 第 270 卷增刊的论文，73−75 页；以及他于 2007 年发表在同一期刊第 274 卷的论文，373−381 页。

大杜鹃雏鸟口裂对于寄主棕薮鸲的刺激作用，参见 F. Alvarez 于 2004 年发表在 *Ardea* 第 92 卷的论文，63−68 页。大杜鹃雏鸟急促的乞食叫声对寄主递食率的影响，参见：N. B. Davies 等

于 1998 年发表在 *Proceedings of the Royal Society B* 第 265 卷的论文，673–678 页；以及 R. M. Kilner 等于 1999 年发表在 *Nature* 第 397 卷的论文，667–672 页。J. H. Zorn 早在 1743 年就在其著作 *Petinotheologie*（Enderes，Schwabach）当中提示大杜鹃雏鸟可能以此来操纵寄主。C. H. Fry 提到过响蜜䴕雏鸟的急促乞食叫声，参见他 1974 年发表于 *Bulletin of the British Ornithologists' Club* 第 94 卷的文章，58–59 页。关于霍氏鹰鹃雏鸟翼下形似口裂的彩色区域，参见：K. D. Tanaka & K. Ueda 于 2005 年发表在 *Science* 第 308 卷的论文，653 页；以及 K. D. Tanaka 等于 2005 年发表在 *Journal of Avian Biology* 第 36 卷的论文，461–464 页。

视觉影像对人类行为的影响，参见：M. Bateson 等于 2006 年发表在 *Biology Letters* 第 2 卷的论文，412–414 页；以及他们于 2012 年发表在 *PLoS One* 第 7 卷的论文，e51738。

关于大杜鹃雏鸟对寄主的告警声作何反应的研究，参见 N. B. Davies 等于 2006 年发表在 *Proceedings of the Royal Society B* 第 273 卷的论文，693–699 页。有关大斑凤头鹃雏鸟通过对寄主更强的乞食刺激来胜过寄主雏鸟的研究，参见：M. Soler 等于 1995 年发表在 *Behavioural Ecology and Sociobiology* 第 37 卷的论文，7–13 页；以及 T. Redondo 于 1993 年发表在 *Etologia* 第 3 卷的论文，235–297 页。关于喜鹊义亲可能天生就偏好体型更大、也更为饥饿雏鸟的研究，参见 M. Husby 于 1986 年发表在 *Journal of Animal Ecology* 第

55 卷的论文，75-83 页。

第 11 章　选择寄主

Gilbert White 于 1789 年出版了 *The Natural History of Selborne*，本书参考的是由 R. Mabey 主编的版本（Penguin，1977）。Edward Jenner 的研究于 1788 年发表在 *Philosophical Transactions of the Royal Society of London* 第 78 卷，219-237 页。T. Grim 等通过实验证明欧乌鸫和欧歌鸫不适合做大杜鹃的寄主，他们的研究 2011 年发表在 *Journal of Animal Ecology* 第 80 卷，508-518 页。关于有些鸟种过去曾是大杜鹃的寄主，但已赢得了"军备竞赛"的讨论，参见：N. B. Davies 和 M. de L. Brooke 于 1989 年发表在 *Journal of Animal Ecology* 第 58 卷的论文，207-224 页和 225-236 页；A. Moksnes 等于 1991 年发表在 *Behaviour* 第 116 卷的论文，64-89 页；S. I. Rothstein 于 2001 年发表在 *Animal Behaviour* 第 61 卷的论文，95-107 页；以及 R. M. Kilner 和 N. E. Langmore 于 2011 年发表在 *Biological Reviews* 第 86 卷的综述，836-852 页。

关于大杜鹃对栖息地形成的印痕，参见 Y. Teuschl 等于 1998 年发表在 *Animal Behaviour* 第 56 卷的论文，1425-1433 页。靛蓝维达雀对寄主种类形成的印痕，参见 R. B. Payne 等于 2000 年发表在 *Animal Behaviour* 第 59 卷的论文，69-81 页。

关于大杜鹃雏鸟出飞之后的扩散行为，参见 D. C. Seel 于 1977

年发表在 *Ibis* 第 119 卷的论文，309-322 页。大杜鹃雌鸟对于寄主种类选择的忠诚度，参见：M. Honza 等于 2002 年发表在 *Animal Behaviour* 第 64 卷的论文，861-868 页；S. Skjelseth 等于 2004 年发表在 *Journal of Avian Biology* 第 35 卷的论文，21-24 页；K. Marchetti 等于 1998 年发表在 *Science* 第 282 卷的论文，471-472 页。R. C. Punnett 关于大杜鹃雌鸟产下卵的卵色是由其母亲基因决定的观点，参见 1933 年的 *Nature* 第 132 卷，892 页。大杜鹃不同族群之间的遗传差异，参见：F. Fossøy 等于 2011 年发表在 *Proceedings of the Royal Society B* 第 278 卷的论文，1639-1645 页；以及 O. Krüger 和 M. Kolss 于 2013 年发表在 *Journal of Evolutionary Biology* 第 26 卷的论文，2447-2457 页。在不同区域有着不同寄主种类的情况下，大杜鹃雄鸟的鸣叫也存在差异，相关研究参见 T. I. Fuisz 和 S. R. de Kort 于 2007 年发表在 *Proceedings of the Royal Society B* 第 274 卷的论文，2093-2097 页。

H. N. Southern 的文章出自 J. S. Huxley、A. C. Hardy 和 E. B. Ford 编著的 *Evolution as a Process*（Allen & Unwin，1954），219-232 页。关于博物馆收藏的鸟卵标本中大杜鹃寄生卵与寄主卵不匹配率的研究，参见 A. Moksnes 和 E. Røskaft 于 1995 年发表在 *Journal of Zoology, London* 第 236 卷的论文，625-648 页。有关日本出现的大杜鹃新一族的研究，参见：H. Nakamura 于 1990 年发表在 *Japanese Journal of Ornithology* 第 46 卷的论文，23-54 页；以

及他在 S. I. Rothstein 和 S. K. Robinson 编著的 *Parasitic Birds and their Hosts*（Oxford University Press，1998）中的文章，94-112页。

第12章 纷繁的河岸

黑水鸡的巢寄生现象，参见：D. W. Gibbons 于 1986 年发表在 *Behavioural Ecology and Sociobiology* 第 19 卷的论文，221-232页；以及 S. B. McRae 于 1996 年发表在 *Journal of Avian Biology* 第 27 卷（311-320 页）以及 1998 年发表在 *Behavioural Ecology* 第 9 卷（93-100 页）的研究。河蚌和苦鳞鲏之间关系的研究，参见 M. Reichard 等于 2010 年发表在 *Evolution* 第 64 卷的论文，3047-3056页。

关于蜉蝣同时大量羽化出飞，通过饱和捕食者来形成自身防御的研究，参见 B. W. Sweeney 和 R. L. Vannote 等 1982 年发表于 *Evolution* 第 36 卷的论文，810-821 页。有关雌性水黾演化出专门的武器来抵御雄性的研究，参见 G. Arnqvist 和 L. Rowe 于 2002 年发表在 *Evolution* 第 56 卷的论文，936-947 页。关于雄性豆娘通过拟态雌性来避免其他雄性袭扰的研究，参见 T. N. Sherratt 于 2001 年发表在 *Ecology Letters* 第 4 卷的论文，22-29 页。

第13章 正在消失的大杜鹃

更多关于 Nicholas Ridley 和 William Turner 的内容，参见 A.

V. Grimstone 所著的 *Pembroke College Cambridge: a Celebration*
（Pembroke College，1997）。Turner 关于鸟类的著作是其于 1544 年
出版的 *A Short and Succinct History of the Principal Birds Noticed by
Pliny and Aristotle*，由 A. H. Evans 主编（Cambridge University Press，
1903）。对从古代开始，包括 Turner 及其同时代别的学者在内的
鸟类学史的精要叙述，参见 Tim Birkhead 所著 *The Wisdom of Birds*[1]
（Bloomsbury，2008）。

有关全世界鸟类的保护需求，参见 S. H. M. Butchart 等为
Handbook of the Birds of the World 第 15 卷所写的前言，该卷由 J. del
Hoyo、A. Elliott 和 D. A. Christie 主编（Lynx Edicion，Barcelona，
2010）；实现这些保护目标所需的费用参见 D. P. Mc Carthy 等于
2012 年发表在 *Science* 第 338 卷的论文，946–949 页。

关于因大杜鹃及其他夏候鸟种群减少而导致我们精神世界损
失的感人至深的描写，参见 M. McCarthy 所著 *Say Goodbye to the
Cuckoo*（John Murray，2009）。D. J. T. Douglas 等于 2010 年发表
在 *Oikos* 第 119 卷（1834–1840 页）和 J. A.Vickery 等于 2014 年发
表在 *Ibis* 第 156 卷（1–22 页）的论文讨论了英国大杜鹃减少的状
况。关于英国近年来蛾类数量的快速下降，参见 K. F. Conrad 等
于 2006 年发表在 *Biological Conservation* 第 132 卷的论文，279–

---

[1] 该书有中译本《鸟的智慧》，蒂姆·伯克黑德［著］，任晴［译］，商务印
书馆（2019）。——译者注

291 页。气候变化对欧洲范围内大杜鹃迁徙及其寄主利用的影响，参见 N. Saino 等于 2009 年发表在 *Biology Letters* 第 5 卷的论文，539–541 页；以及 A. P. Møller 等于 2011 年发表在 *Proceedings of the Royal Society B* 第 278 卷的论文，733–738 页。Leonard Jenyns 关于大杜鹃春季最早抵达威肯草甸沼泽附近一个教区的记载，出自他所著的 *A Naturalist's Calendar Kept at Swaffham Bulbeck, Cambridgeshire*，由 F. Darwin 主编（Cambridge University Press，1903）。大杜鹃在过去 50 年间春季最早出现在英国其他地方的内容，参见 T. H. Sparks 等于 2007 年发表在 *Journal of Ornithology* 第 148 卷的论文，503–511 页。对大杜鹃在非洲范围内移动情况的观察，参见 *Robert Payne* 所著 *The Cuckoos*（Oxford University Press，2005）。

有关卫星追踪大杜鹃迁徙的内容，参见 British Trust for Ornithology 的网站 (www.bto.org)。

第 14 章　变化中的世界

有关芦苇莺如何紧随威肯草甸沼泽里 30 年间大杜鹃数量的减少而减少了自身的反巢寄生防御的研究，参见 R. Thorogood 和 N. B. Davies 于 2013 年发表在 *Evolution* 第 67 卷的论文，3545–3555 页。不同种群芦苇莺在面对差异化的巢寄生率所表现出的不同防御水平，参见：A. K. Lindholm 于 1999 年发表在 *Journal of Animal*

Ecology 第 68 卷的论文，293-309 页；B. Stokke 等于 2008 年发表在 *Behavioural Ecology* 第 19 卷的论文，612-620 页；以及 J. A. Welbergen 和 N. B. Davies 于 2012 年发表在 *Behavioural Ecology* 第 23 卷的论文，783-789 页。

关于黑顶林莺迁徙行为的迅速变化，参见：P. Berthold 于 1992 年发表在 *Nature* 第 360 卷的论文，668-670 页；S. Bearhop 等于 2005 年发表在 *Science* 第 310 卷的论文，502-504 页。有关怀特姆树林里的大山雀更早产卵以匹配更早来到的春天的研究，参见 A. Charmantier 等于 2008 年发表在 *Science* 第 320 卷的论文，800-803 页。然而，斑姬鹟这样的长距离迁徙候鸟却没能将繁殖时间与更早来到的春天相匹配，相关研究参见 C. Both 和 M. E. Visser 于 2001 年发表在 *Nature* 第 411 卷的论文，296-298 页。更多关于通过演化来适应环境变化的内容，参见 U. Candolin 和 B. B. M. Wong 所著 *Behavioural Responses to a Changing World*（Cambridge，2012）。

关于亨利三世的盛宴，参见 Oliver Rackham 所著 *The History of the Countryside*（Dent，1986）。英国皇家鸟类保护协会在莱肯希思创建一个很好的保护区的故事，参见 Norman Sills 和 Graham Hirons 于 2011 年发表在 *British Wildlife* 第 22 卷的文章，381-390 页。对保护工作能够带来改变的乐观态度，参见 Andrew Balmford 所著 *Wild Hope: on the Front Lines of Conservation Success*（University of Chicago Press，2012）。

致　谢

　　我很荣幸能在剑桥大学动物学系工作，并有幸成为彭布罗克学院院士。除了自己的家之外，我没法想象哪里还能如动物学系和彭布罗克学院这般温馨、令人愉悦且又富有启发性。过去30年间，我幸运地与很多优秀的同事一道研究大杜鹃及其寄主。本书论及的许多观点都是跟他们一起探讨而来的，很高兴有机会感谢以下人士的思想灵感和友谊：迈克尔·布鲁克、特里·伯克、斯图尔特·布查特、威廉·达克沃思（William Duckworth）、蒂博尔·富伊扎、戴维·吉本斯、莱尔·吉布斯、伊恩·哈特利（Ian Hartley）、亚历克斯·卡塞尔尼克（Alex Kacelnik）、克里斯·凯利（Chris Kelly）、丽贝卡·基尔纳、奥利弗·克吕格尔（Oliver Krüger）、内奥米·郎默、安娜·林霍尔姆（Anna Lindholm）、乔阿·马登、休·麦克雷、戴维·诺贝尔、亚尔卡·鲁蒂拉（Jarkko Rutila）、迈克尔·索伦森、克莱尔·斯波蒂斯伍德、马丁·史蒂文斯、伊恩·斯图尔特（Ian Stewart）、卡西·斯托达德、罗斯·索罗古德、贾斯廷·韦尔贝根。我还要向英国自然环境研究委员会（Natural Environment Research Council）和皇家学会对我们研究的慷慨资助

深表谢意。

在此也向英国国民信托组织（National Trust）授权我于威肯草甸沼泽保护区内自由开展研究表示感谢，特别感谢多年来保护区以下工作人员给予的鼓励和友谊：洛伊丝·贝克（Lois Baker）、维尔夫·巴恩斯（Wilf Barnes）、伊恩·巴顿（Ian Barton）、蒂姆·贝内特（Tim Bennett）、马修·查特菲尔德（Matthew Chatfield）、琼·蔡尔兹（Joan Childs）、阿德里安·科尔斯顿（Adrian Colston）、霍华德·库珀（Howard Cooper）、马克·康奈尔（Mark Cornell）、保拉·柯蒂斯（Paula Curtis）、阿妮塔·埃斯科特（Anita Escott）、约翰·休斯（John Hughes）、珍妮·休普（Jenny Hupe）、凯文·詹姆斯（Kevin James）、戴比·琼斯（Debbie Jones）、珍妮·克肖（Jenny Kershaw）、格兰特·拉合尔（Grant Lahore）、卡罗尔·莱德劳（Carol Laidlaw）、马丁·莱斯特（Martin Lester）、桑迪·麦金托什（Sandy MacIntosh）、特蕾西·麦克莱恩（Tracey McLean）、伊恩·里德（Ian Reid）、安迪·罗斯（Andy Ross）、拉尔夫·萨金特（Ralph Sargeant）、伊莎贝尔·塞奇威克（Isabel Sedgwick）、詹姆斯·塞尔比（James Selby）、迈克·塞尔比（Mike Selby）、克里斯·索安斯（Chris Soans）、卡伦·斯坦斯（Karen Staines）、杰克·沃森（Jack Watson）、杰克·威廉（Jake Williams）、鲁比·伍德（Ruby Wood）。

威肯草甸沼泽环志小组慷慨分享了他们所收集的本地鸟类种群数据。我要特别感谢自1971年开始就主持该工作的克里斯·索安斯，也感谢该小组的彼得·伯彻姆（Peter Bircham）、菲尔·哈里斯（Phil Harris）、迈克尔·霍尔兹沃思（Michael Holdsworth）、乔·琼斯（Jo Jones）、尼尔·拉纳（Neil Larner）、艾伦·沃兹沃思（Alan Wadsworth）。

非常荣幸的是，詹姆斯·麦卡勒姆（James McCallum）的插画为本书增色不少。他不仅是一位才华横溢的艺术家，同时还是一位本真的野生生物观察者，在野外也总是作画，并且会花费大量的时间去了解他所描绘对象的行为。他的作品充满了光影与动感，使大自然中的活剧惟妙惟肖地跃然纸上。这些作品能让我会心一笑，进而渴望再次回到威肯沼泽，在他艺术家眼光的启发之下重新审视大杜鹃及其寄主。

我还有幸用到理查德·尼科尔在威肯草甸沼泽拍摄的大杜鹃与芦苇莺的获奖照片作为本书的插图。这些图片表明，观察大杜鹃及其寄主是一种既美妙又令人惊叹的体验。我还要感谢查尔斯·泰勒在达特穆尔高地拍摄的大杜鹃和草地鹨的精彩照片。克莱尔·斯波蒂斯伍德的慷慨授权，令我得以使用她在非洲拍摄的反映寄生者与寄主卵色的照片，以及响蜜䴕雏鸟喙端带有的致命钩突的照片。其他慷慨为本书提供照片的人还有：比尔·卡尔（照片为阿兰·威尔金斯和玛格丽·威尔金斯夫妇［Alan and Margery Wilkins］所有）、尤哈·海科拉、戴夫·利奇、黑尔格·瑟伦森、阿图尔·斯坦凯维奇、凯塔·塔纳卡、伊恩·怀利。

蒂姆·伯克黑德和杰里米·迈诺特（Jeremy Mynott），[①] 以及布鲁姆斯伯里出版社我的责任编辑比尔·斯温森（Bill Swainson）通读了手稿，并就本书初稿给出了极好的建议。我还要感谢该出版社的贝姬·亚历山大（Becky Alexander）、安娜·辛普森（Anna Simpson）和伊莫金·科克（Imogen Corke）对本书的出版所给予的专业指导，感谢休·布雷热（Hugh Brazier）的出色文本编辑工作。我也感谢以下人员为本书特定章节提供的帮助：乔安娜·贝利斯（Joanna Bellis）指点了中世纪诗歌中的杜鹃，哈贾·卡罗尔（Khadija von Zinnenburg Carroll），蒂姆·迪伊（Tim Dee），希尔德加德·迪姆贝格尔（Hildegard Diemberger），克里斯·休森（Chris Hewson），丽贝卡·基尔纳，戴维·拉赫蒂，内奥米·郎默，奥德丽·米尼（Audrey Meaney）翻译了《埃克塞特之书》中古英语的杜鹃谜语，迈克尔·里弗（Michael Reeve），诺曼·西尔斯（Norman Sills），克莱尔·斯波蒂斯伍德，田中启太，克里斯·索恩和罗斯·索罗古德（Rose Thorogood）。

最后，我最大的感激一如既往地要献给妻子简（Jan）和两个女儿——汉娜（Hannah）及爱丽丝（Alice）。

---

① 蒂姆·伯克黑德是英国谢菲尔德大学的教授，鸟类学家，皇家学会院士，所著颇丰，他的著作中《鸟的感官》《鸟的智慧》和《剥开鸟蛋的秘密》已被译成中文。杰里米·迈诺特是剑桥大学出版社的前首席执行官，也是一位资深观鸟者。——译者注

译后记

　　每当春末夏初之时，在我国的许多地方或许都能听到音似"布—谷、布—谷"的明快鸟鸣声。根据这叫声，民间就将此种鸟儿称为"布谷鸟"。尽管您不一定真正见到过它，但多多少少都曾听过吧？无独有偶，从本书前言里戴维斯教授的描述也不难看出，这种鸟在世界其他国家往往也是因其特征鲜明的叫声而得到了相应语言中的名称。读到这里的您想必已经知道，这种鸟便是本书的主角——大杜鹃。

　　无论是俗称的"布谷鸟"，还是显得更为正式的"大杜鹃"，抑或是其常用的英文名 Common cuckoo，其实都是大杜鹃的俗名（common name）。对于这种鸟以及自然界的其他生物来说，唯一确定且四海通用的名称则是学名（scientific name）。瑞典植物学家、博物学家卡尔·林奈（Carolus Linnaeus）在 18 世纪下半叶奠定了现代生物分类学基础，他还在 1758 年出版的《自然系统》第十版里确立了沿用至今的生物命名的双名法（binomial nomenclature）。

　　大杜鹃（*Cuculus canorus*）就是林奈于 1758 年所描述命名的。

其属名 *Cuculus* 源自拉丁语，即指"杜鹃"；种本名 *canorus* 也源自拉丁语，意为"悠扬的，悦耳的"。简而言之，这样以属名加种本名共同构成一个物种学名的生物命名方式即是双名法了。大杜鹃那悠扬的"布—谷"声，不仅在各地的俗名里有所体现，也顺理成章地在它的学名当中刻下了印迹。

若悦耳的鸣叫是大杜鹃名声中为人津津乐道的一部分，那将卵产在其他鸟的巢内，利用义亲为自己抚育后代的奇特习性，则是它"声名狼藉"的另一部分了。姑且抛开人为的那些道德与价值判断不论，对于大杜鹃巢寄生行为本身，即便到了今天在我们身边仍能看到不少一知半解的牵强附会。如果您对布谷鸟及其巢寄生的特殊习性感兴趣，或许再没有比本书更为理想的入门读物。

本书作者尼克·戴维斯教授毕业于剑桥大学，现为该校动物学系行为生态学的荣休教授（Emeritus Professor of Behavioural Ecology），英国皇家学会院士，是巢寄生（尤其大杜鹃）研究领域享誉世界的知名学者。自 1985 年开始，戴维斯便与同事、学生一道在剑桥附近的威肯草甸沼泽里以大杜鹃及其主要寄主芦苇莺为研究对象，用细致的野外观察和精巧的实验设计揭示出了许多大杜鹃为成功实现巢寄生所施的"诡计"，以及寄主们演化出的种种反制措施。应该说巢寄生能够成为今天演化生物学里"军备竞赛"的经典案例，戴维斯及其同仁所做出的精彩研究贡献巨大。

戴维斯教授不仅科研做得出类拔萃，面向公众的科学传播也是毫不懈怠。早在 1991 年，他就和搭档迈克尔·布鲁克为美国著名的科普杂志《科学美国人》（*Scientific American*）撰写文章介绍他们在威肯草甸沼泽开展的研究工作。除了本书外，他在 2000 年就出版过《杜鹃、牛鹂及其他骗子》（*Cuckoos, Cowbirds and Other Cheats*），不仅系统性地为读者介绍了寄生性杜鹃、牛鹂和其他寄生鸟类，还将视角扩展到了其他生物类群中的寄生现象。戴维斯教授的研究兴趣和关注从未局限在巢寄生及寄生性鸟类，他和剑桥大学的同事约翰·克雷布斯（John Krebs）在 1978 年就合作编写了教材《行为生态学：一种演化方法论》（*Behavioural Ecology: An Evolutionary Approach*），如今迭代至第四版的该书早已成为该领域的经典教科书。

戴维斯教授多年来的潜心研究，在取得丰硕成果的同时，也受到了学界内外的高度认可。本书即荣获了由英国鸟类学基金会和《英国鸟类杂志》联合评选的 2016 年度最佳鸟类书籍奖。2022 年 4 月 14 日，受英国鸟类学会的邀请，他作为"阿尔弗雷德·牛顿荣誉讲席"（Alfred Newton Lecture）的报告人，在剑桥大学举办的"鸟类繁殖"专题研讨会上做了演讲。口头报告结束之后，戴维斯在现场接受了英国鸟类学会颁发的古德曼－萨尔文奖章（Godman-Salvin Prize），这是有着一百六十余年历史的该学会为表彰在鸟类学研究领域有着卓越贡献的个人所设立的至高荣誉。

译者还未曾有幸见过戴维斯教授，只隔空围观了他在 2022 年

4 月 14 日的演讲，也算是见证了他获奖的时刻。在报告的最后，他提到阿尔弗雷德·牛顿当年或许跟同在剑桥生活的达尔文的孙女格温·拉弗拉特（Gwen Raverat）[1]有过交集。格温女士出生于 1885 年，而她那声名卓著的祖父则逝于 1882 年，所以她从未见过达尔文本人。牛顿倒是跟达尔文有过交往，因此他若在剑桥碰到过格温女士，想必会提起她的祖父吧。牛顿和格温女士都早已作古，但跟后者相识的人尚且还有健在于世的。戴维斯提议，要是如今有幸遇到这样的老人家，就应热情地上前致意，要知道把握住这样的机会，或许就是最接近达尔文本尊的时刻了。正是达尔文的演化论思想启发了戴维斯从事巢寄生研究，也将在未来不断激励和指引后人生生不息。

我们可能不大有机会碰上达尔文、华莱士或牛顿的后人，但通过阅读他们的著作，依然可以跟那些伟大的心灵相遇。或许，这也便是翻译本书的意义所在吧。

在此我要特别感谢本书的责编，北京大学出版社的周志刚先生。这已是我们的第二次合作。周兄一如既往地给予了专业的支持和热情的鼓励，并一再包容了我的拖延。没有他在幕后所付出的大量辛劳工作，本书是难以完成的。感谢莆田学院的梁志坚教

---

[1] 格温·拉弗拉特（1885—1957），英国木刻画家，也是木刻艺术学会的创始成员之一。格温是达尔文的二儿子乔治·达尔文（George Darwin）的大女儿。——译者注

授和新加坡南洋理工大学黄闽婷博士对书中引用的部分诗作的翻译提供了宝贵帮助。中山大学生态学院刘阳教授第一时间惠赠了本书原版，让我得以及时领略到戴维斯教授的文采；北京师范大学生命科学学院在读博士研究生黄晨静同学为收看戴维斯教授演讲的直播提供了便利，特向两位表示诚挚谢意。

我还想借此机会向我在西华师范大学攻读硕士期间"鸟类学"课程的授业恩师余志伟教授表示特别的感谢！是余先生引领我进入了鸟类学的知识殿堂，而这也是我这个学生后来有幸从事鸟类研究和参与翻译鸟类相关著作的缘起。

最后，要向一直默默支持我的妻子和母亲表达感激之情。没有你们的悉心照顾、陪伴和鼓励，我无法想象自己该如何度过那些焦头烂额地陷于翻译之中的日子。